Amaro Macedo
O SOLITÁRIO DO CERRADO
um naturalista dos nossos dias

Amaro Macedo
O SOLITÁRIO DO CERRADO
um naturalista dos nossos dias

GIL FELIPPE
MARIA DO CARMO DUARTE MACEDO

Ateliê Editorial

Copyright © 2009 by Gil Felippe e Maria do Carmo Duarte Macedo

Direitos reservados e protegidos pela Lei 9.610 de 19 de fevereiro de 1998.
É proibida a reprodução total ou parcial sem autorização, por escrito, da editora.

Dados Internacionais de Catalogação na Publicação (CIP)
(Câmara Brasileira do Livro, SP, Brasil)

Amaro Macedo: o solitário do cerrado: um naturalista dos nossos dias / Gil Felippe, Maria do Carmo Duarte Macedo. – Cotia, SP: Ateliê Editorial, 2009.

ISBN 978-85-7480-430-9

1. Botânica 2. Expedições científicas – Brasil
3. Macedo, Amaro 4. Naturalistas – Brasil
I. Macedo, Maria do Carmo Duarte. II. Título.

09-03722   CDD-581.092

Índices para catálogo sistemático:
1. Naturalistas brasileiros: vida e obra   581.092

Direitos reservados à
ATELIÊ EDITORIAL
Estrada da Aldeia de Carapicuíba, 897
06709-300 – Granja Viana – Cotia – SP
Telefax: (11) 4612-9666
www.atelie.com.br / atelie@atelie.com.br

Printed in Brazil 2009
Foi feito depósito legal

Sumário

Agradecimentos 9

PARTE I *O Homem, o Professor e o Naturalista*
1. Conhecendo Amaro Macedo – *Gil Felippe* 13
2. Amaro Macedo – Nas Palavras de sua Filha Maria do Carmo.. 23
3. Paralelo entre Duas Gerações 31
4. O Início de Tudo – Como Ele se Tornou um Naturalista 35

PARTE II *O Coletor*
1. As Primeiras Coletas 41
2. Espécies Coletadas 53
3. Homenagens ao Naturalista 57

PARTE III *Impressões e Apontamentos de Viagem: Os Textos de Amaro Macedo*

Introdução – *Gil Felippe* 65
1. Extrato de Fitofisionomia do Estado de Goiás.
   Excursão à Serra Dourada 67
2. Flora do Resfriado 73

3. Flora do Brasil Central 81
4. Impressões sobre uma Viagem ao Estado de Goiás
   e ao Norte do Brasil. 109
5. Excursão à Serra de São Vicente 177
6. Contribuição ao Conhecimento da Flora de Ituiutaba 181
7. O Dia da Árvore – Uma Palestra 197

Sobre os Autores 203

Acervo da Família. 205

Agradecimentos

São devidos a Luciano Esteves pela leitura crítica do texto, como também por sugestões valiosas.

A Georgina Maria Andrade pelo apoio constante e por ajudar Maria do Carmo a lembrar os acontecimentos da família de Amaro Macedo.

A Isabel Alexandre pelo constante apoio.

PARTE I
O *Homem, o Professor e o Naturalista*

1 ❧ Conhecendo Amaro Macedo

GIL FELIPPE

Conheci Amaro Macedo bem no início de minha carreira, na década de 60 do século XX, quando trabalhava como parte do grupo de fisiologia vegetal do Instituto de Botânica de São Paulo. Grupo animado, querendo mudar a cara da pesquisa em fisiologia vegetal no Brasil, talvez até do mundo. Saíamos em excursão para coleta de plantas e pesquisas de campo. Minha área de pesquisa eram as plantas do cerrado, mas não a área de taxonomia, dela pouco entendia.

Para as excursões de campo, um grande ônibus de passageiros foi totalmente reformado e transformado no "laboratório móvel", cheio de equipamentos necessários à pesquisa, barracas para dormir, material de cozinha, chuveiro improvisado. Deste modo, era possível encetar grandes viagens, acampando sem pagar hotel, cozinhar na barraca-cozinha, tomando banho de chuveiro com água fria e pouca.

Organizamos uma excursão partindo de São Paulo, através de cerrados do estado de São Paulo e do Triângulo Mineiro, em Minas Gerais. Viajamos pelos cerrados da região de São Carlos, Barretos, Frutal, Prata e fomos terminar em Ituiutaba, em Minas Gerais.

Acampamos em vários locais durante esta viagem, que foi muito longa.

Eu era o líder do grupo e duas pesquisadoras me acompanhavam, a Tatiana Sendulsky (falecida em 2004), uma senhora de origem russa, nascida na China, uma das grandes especialistas da família das gramíneas, e a Francisca Rios Magalhães, a Kiki (mais tarde Regis de Alencastro), falecida muito jovem, quando era pesquisadora do Jardim Botânico do Rio de Janeiro. Kiki e eu estávamos preocupados em coletar principalmente plantas da família das compostas. Na época da excursão todos nós estávamos engatinhando em pesquisa. Eu e a Kiki decidíamos qual seria o cardápio das refeições e ela passava as ordens de compra ao motorista do ônibus, que ia buscar os alimentos e água nas cidades próximas do acampamento, enquanto nós fazíamos as coletas das plantas da região. Tínhamos um cozinheiro e dois ajudantes de campo. As barracas eram montadas, a minha e a da Kiki e Tatiana; os outros funcionários tinham camas dentro do ônibus.

Foi uma excursão muito aventurosa, estradas de terra, estradas ruins; uma noite, perto da cidade de Prata, o nosso acampamento foi visitado, no meio da noite, e vários objetos da cozinha foram roubados; susto com o tremor da barraca, até descobrir que uma vaca desgarrada estava a se coçar contra a lona. E muito calor. E muita poeira do chão arenoso. Escoriações e arranhões pelo corpo. E no fim do dia, o famoso e famigerado chuveiro frio e com pouca água, que quase nem removia o suor. Aí o jantar do grupo todo e a hora de dormir era o mais cedo possível, pois a luz era dos lampiões de querosene. Mas foi uma excursão alegre, feliz, e trouxemos muitos exemplares de plantas para o Instituto de Botânica de São Paulo.

Iríamos até Ituiutaba, especialmente para conhecer o Amaro Macedo, já muito conhecido como naturalista e grande coletor de plantas. Precisávamos do auxílio dele para coletar plantas de cerrado da região, para nossas pesquisas em São Paulo.

Montamos nosso acampamento na entrada de Ituiutaba, na estrada que vinha de Prata, em um terreno que nos foi indicado e onde mais tarde foi construída a CASEMG, Companhia Armazéns & Silos do Estado de Minas Gerais. Chegamos no início da tarde, montamos o acampamento e fomos com o ônibus à procura da casa de Amaro Macedo, no centro da cidade, casa em frente a um grande terreno vazio, onde hoje é a bela Praça da Matriz. Nos apresentamos e fomos muito bem recebidos. Fomos convidados para jantar, mas nós pedimos para primeiro tomar um banho de chuveiro. Depois de papear, voltamos para o acampamento para apanhar roupas limpas. Foi o melhor banho de minha vida, nunca demorei tanto embaixo do chuveiro, limpei toda a sujeira de dias, lavei a alma. Tatiana e Kiki fizeram o mesmo.

Ficamos conhecendo a esposa do Amaro, a dona Célia, e suas quatro filhas, a Regina, a Marília, a Beatriz e a mais nova, a Maria do Carmo, ainda uma menininha, que ainda gostava de colo. Em fevereiro de 2007 recebi uma mensagem da Maria do Carmo, que vale a pena mencionar: "eu era muito pequena na época da visita, e não me lembro de vocês, minhas irmãs se lembram do ônibus, das botânicas (isto é, Kiki e dona Tatiana) usando calça comprida, o que não era comum aqui em Ituiutaba".

O jantar foi farto e delicioso, cozinha boa, bem temperada. E para sobremesa o doce de manga de dona Célia, doce do qual nunca mais esqueci, uma das melhores sobremesas que comi na vida. Aí vai a receita do doce de manga da dona Célia, ela só faz a receita com uma manga chamada "Itamaracá", muito conhecida em Ituiutaba, com gosto e perfume bem fortes. Em São Paulo, em minha casa, usamos a manga "Rosa", que também tem aroma e gosto fortes. Mas, o doce de dona Célia é melhor!

Manga em calda, da dona Célia

2 xícaras de chá (400 ml) de água
2 xícaras de chá (400 g) de açúcar cristal
4 mangas Itamaracá maduras
Preparar a calda e deixar engrossar um pouco. Descascar as mangas, cortar em fatias e pedaços grandes. Colocar na calda, mexer, deixar ferver por uns 5 minutos. Tirar do fogo.
Deixar esfriar e agora é só se deliciar. Vale a pena!

Depois do jantar e de um papo agradável, passamos a noite no acampamento. No dia seguinte voltamos para a casa de Amaro.

Amaro já era um naturalista, conhecedor de plantas principalmente dos cerrados e com uma infinidade de material coletado no século XX (mas continua a coletar no século XXI).

No passado, o Brasil e os outros países das Américas sempre atraíram artistas e naturalistas europeus, pois o Velho Mundo tinha muita curiosidade sobre o Novo Mundo, um continente desconhecido. Assim, excursões foram organizadas pelos europeus para enfrentar as agruras do novo continente. O resultado são relatos e pinturas interessantes e grandes avanços na ciência da botânica, da zoologia e da mineralogia, por exemplo. Naturalistas brasileiros também viajaram pelo interior do Brasil no passado. Pois, o mesmo ocorreu no século XX com Amaro, só que houve uma mudança: em vez de pinturas e gravuras, Amaro utilizou a fotografia.

Merece menção um pintor que, graças à força muito realista da sua obra, pode ser considerado um pintor que funciona como naturalista. Ele é importante em relação às plantas existentes e cultivadas no Brasil na região nordeste. É o pintor holandês Albert Eckhout, cuja obra pode ser vista no Museu de Copenhague, Dinamarca. No século XVII, os holandeses invadiram a região onde hoje é Pernambuco. De 1637 a 1644 a região foi governada pelo conde João Maurício de Nassau-Siegen (1604–1670), que trouxe para Recife alguns artistas, entre eles Albert Eckhout (1610–1665), que chegou com 27 anos e morou ali até seus 34 anos. Era um pintor bem detalhista e perfeccionista, que representou muito bem os costumes da época na região. Documentou igualmente a flora, com boas ilustrações que documentam as plantas existentes na região na época, como o caju, a mamona e o mamão. Na verdade, a representação mais antiga do mamoeiro está na sua tela *O Mulato*.

Naturalistas brasileiros também enfrentaram o sertão à procura de novas descobertas. O naturalista mineiro José Viera Couto, formado na Universidade de Coimbra, viajou pelo Brasil nos meados do século XVIII, fazendo um levantamento de recursos minerais. Além de planejar as expedições, fazia a coleta das amostras e depois sua análise química. Era um naturalista que seguia as referências teóricas em voga na Europa naquele tempo. Outro naturalista brasileiro foi Alexandre Rodrigues Ferreira, também formado em Coimbra, que explorou a região amazônica de 1785 a 1792.

Entre os naturalistas estrangeiros, é importante mencionar aqui o francês Auguste de Saint-Hilaire. Saint-Hilaire viajou alguns anos pelo Brasil, entre 1816 e 1822, tendo escrito importantes livros sobre os costumes e paisagens brasileiros do século XIX. Durante sete anos percorreu o Sul, o Sudeste e o Centro-oeste do Brasil, em viagens muito penosas. Visitou os atuais estados do Rio de Janeiro, Espírito Santo, Minas Gerais, Goiás, São Paulo, Santa Catarina, Rio Grande do Sul. Colecionou cerca de sete mil plantas, dois mil pássaros e seis mil insetos. Em todos os locais visitados, recolhia informações sobre o uso de plantas na medicina, na alimentação e na indústria.

A arquiduquesa austríaca Leopoldina veio ao Brasil para se casar com o príncipe D. Pedro, o futuro D. Pedro I. Em sua comitiva, veio o naturalista alemão Carl von Martius, que permaneceu no Brasil de 1817 a 1820. Passou dez meses na Região Norte. Coletou muitas espécies de plantas, e seus estudos, cultuados até hoje, estão publicados na famosa obra *Flora Brasiliensis*. Esta obra foi produzida entre 1840 e 1906 pelos editores Carl Friedrich Philipp von Martius, August Wilhelm Eichler e Ignatz Urban, com a participação de 65 especialistas de vários países.

É importante lembrar o naturalista dinamarquês Eugenius Warming, que esteve em Lagoa Santa, Minas Gerais, entre 1863 e 1866. Durante esse período, realizou o primeiro levantamento do cerrado da região. Todo o material, inclusive o de cerrado, lá obtido por ele, como exsicatas (exemplares de plantas secas), fotografias, anotações, desenhos, fazem parte do acervo do Museu Botânico e Biblioteca de Copenhague. Warming é o autor do livro *Lagoa Santa – Contribuição para a Geografia Fitobiológica*, publicado em dinamarquês em 1892 e em português em 1908. Warming é considerado o fundador da Ecologia Vegetal.

Amaro é o representante do século XX desses grandes naturalistas. Ele viajou, principalmente pelos cerrados, de Minas Gerais, Goiás (englobando o que é hoje Tocantins) e o norte do Brasil, tendo chegado até Belém. Coletou muitas plantas, mostrou os hábitos dos povos dos locais por onde passou, a comida, o ambiente, como eram os hotéis e pensões, os meios de transporte, o preço das coisas na época, um Brasil que quase já desapareceu. Desde suas primeiras excursões já tinha grande preocupação pela preservação do meio ambiente. Isto pode ser sentido neste trecho de uma palestra que apresentou em Ituiutaba em setembro de 1958. Diz ele.

[...] Que se tenha instituído o "Dia da América", o "Dia do Soldado", o "Dia do Operário" e tantos outros para proporcionar incentivo ao desenvolvimento do civismo; que se tenha também instituído dias para todos os santos, sem dúvida poderá parecer muito justo e natural a qualquer dos nossos semelhantes.

Mas um "Dia da Árvore" poderá ser para muitos motivo de mofa e zombaria. Dirão eles: "Mas, afinal o que merece a árvore, por que precisa ela ser festejada?" Provavelmente, uma grande parte dos nossos semelhantes não descobrirá razões bastantes para ser a árvore objeto da nossa admiração e estima. A árvore é sempre um quinhão do povo que habita o país em que ela se desenvolve e constitui-se, assim, patrimônio que deve e precisa ser defendido pelos habitantes. [...] Ela contribui para o embelezamento da paisagem, beneficia o solo acumulando matéria orgânica, fixando-o contra a violência da erosão, melhorando as águas potáveis, protegendo a fauna. Nunca olvidemos que as florestas nativas, embora heterogêneas em sua composição florística, [...] são o repositório biológico do país em que existem os documentos da flora e da fauna. Se destruídos forem esses documentos de valor histórico e ecológico, deixarão de existir e impossibilitado será o seu aproveitamento ulterior na indústria, na arte, na medicina e na alimentação.

Como já disse, voltamos à casa de Amaro no dia seguinte, dia 21 de março de 1963. Nesse dia, ele me doou 1 723 exsicatas, para serem levadas no laboratório-móvel para o herbário do Instituto de Botânica de São Paulo. Sobre esse material faço comentários em uma carta que enviei para ele mais tarde e transcreverei abaixo.

Mas há um dado muito interessante e curioso.

Stevia rebaudiana (Bert.) Bert. (estévia), da família Composta, é uma erva perene, importante pela presença de esteviosídeo, um adoçante não-calórico, hoje vendido comumente no comércio. A planta atinge um pouco mais de meio metro de altura. Até há pouco tempo, acreditava-se que seria originária do Paraguai e regiões do Brasil na fronteira com aquele país. É uma planta de dias curtos para florescer. A propagação é por estacas enraizadas e através da germinação das sementes (frutos). Após a retirada da sua parte aérea (ramos, folhas e flores), que contém as maiores quantidades do esteviosídeo, a planta rebrota, não havendo necessidade de novo plantio. Durante anos fiz trabalhos de pesquisa com essa espécie, no Instituto de Botânica de São Paulo e mais tarde na Universidade Estadual de Campinas. Em 2006, pedi ao Dr. Luciano M. Esteves que fotografasse para mim as exsicatas de *Stevia rebaudiana* do Herbário do Instituto de Botânica de São Paulo, para um determinado trabalho. Recebi as fotografias e qual não foi a minha surpresa ao encontrar a exsicata mais antiga – fora coletada em 1943, nos arredores de Ituiutaba, Minas Gerais, por Amaro Macedo. E o curioso – estava entre as 1 723 exsicatas que ele me havia doado na década de 60 do século xx. Está incluída no Herbário do Instituto de Botânica de São Paulo, com o número 50 429. Somente em 1999 ela foi identificada como *Stevia rebaudiana* (Bert.) Bert. pelo botânico Jimi Naoki Nakajima, da Universidade de Uberlândia. Assim, hoje sabemos que a distribuição natural da espécie atinge até Minas Gerais e não só o Paraguai e as fronteiras do Brasil com aquela nação.

Voltei a encontrar Amaro Macedo e sua família somente em julho de 2007, quando o Dr. Esteves e eu passamos por Ituiutaba. Ele continua a coletar espécies vegetais, agora auxiliado por Maria do Carmo. E novamente tive oportunidade de saborear o doce de manga da dona Célia.

Pudemos examinar seus cadernos das anotações de coletas de plantas, ler cartas de pesquisadores que se corresponderam e correspondem com ele e pesquisadores que o visitaram em Ituiutaba. Em um dos cadernos de coleta de 1943, pudemos ver (e fotografar!) as anotações originais do Amaro Macedo a respeito do exemplar de *Stevia rebaudiana* que ele coletara.

Atualmente são mais de seis mil plantas coletadas por ele e distribuídas no Brasil, Argentina, Estados Unidos, Inglaterra e Suécia.

E agora a transcrição da carta que escrevi para Amaro em abril de 1963.

São Paulo, 19 de abril de 1963
Ilmo. Sr.
Amaro Macedo
Rua 22 nº 303 – Caixa Postal 178
Ituiutaba – Minas Gerais

Prezado amigo Sr. Amaro:

A demora em lhe enviar esta carta teve seu motivo: é que nós aqui na Seção revisamos todo o seu material e fizemos uma relação. Só após terminar a relação é que eu quis lhe escrever, pois assim poderia dizer quantos números o senhor nos doou. São 1723 números. O material todo já foi entregue ao Sr. Curador do Herbário do Instituto de Botânica, o Sr. José Corrêa Gomes. Todos aqui acharam muito valiosa a doação do seu herbário.

D. Tatiana e a Francisca (Kiki) vão bem, e mandam lembranças às meninas e à D. Célia. Alias, diga a D. Célia que ainda sentimos saudade daquele delicioso doce de manga. Todos aí foram muito gentis conosco, foi pena não termos podido ficar mais tempo,

E agora um trabalho: quando aí em sua casa vi o seu material e os seus cadernos de anotações tive uma ideia do grande trabalho que o senhor realizara. Aqui em São Paulo, quando examinei o material com mais vagar minha ideia se confirmou: é um trabalho imenso, que não pode ser deixado no esquecimento. Tenho assim uma proposta a lhe fazer: há hoje em dia um grande interesse em estudos de plantas dos cerrados. Listas regionais de espécies do cerrado têm aparecido (por enquanto poucas). Eu proponho ao senhor isto: publicar as listas das plantas coletadas pelo senhor em cerrados e cerradão, do Triângulo Mineiro ou do Planalto Central Brasileiro. Será uma lista importantíssima e de muito valor. O senhor tem em seus cadernos de anotações todos os números de suas plantas, a maioria já classificada. Esta lista terá de ser feita, pois ela é muito valiosa para a botânica, e seu trabalho de tantos anos não poderá desaparecer. Esse seu trabalho poderá ser publicado em um dos simpósios sobre o cerrado.

Haveria necessidade de fotografias ilustrativas dos cerrados de Ituiutaba; se o senhor não tiver, não é muito importante, pois poderão ser tiradas a qualquer momento.

Como o seu material está atualmente nos herbários qualquer pessoa poderia publicar, utilizando o seu material, tal lista. Mas, eu acho que isso não é o normal, a lista deverá ser sua, sendo uma maneira dos botânicos reconhecerem o seu trabalho árduo.

Espero resposta breve desta carta, e uma sua resposta sobre tal assunto. Eu como já lhe disse, proponho-me a auxiliá-lo no que for necessário.

Aqui fico a sua disposição.

Recomendações minhas às garotas, e à D. Célia,

Um abraço do,

Gil (Felippe)

Amaro Macedo

Data de nascimento: 10 de maio de 1914

Naturalidade: Campina Verde – MG

Filiação: Maria da Glória Chaves Macedo e Octávio Macedo

Estado civil: casado

Nome do cônjuge: Célia Duarte de Macedo

Filhas: 4

Formação –

Curso primário: Escola do José Inácio, em Ituiutaba

Curso ginasial: Colégio São João em Campanha

Curso médio de agricultura: Técnico Agrícola pela Escola Superior de Viçosa (atual Universidade Federal de Viçosa)

2 — Amaro Macedo – Nas Palavras de sua Filha Maria do Carmo

Em 1908, na cidade de Campina Verde, houve um momento de balbúrdia total. Todas as mulheres reunidas matando frangos, fazendo doces, temperando carnes para a festa de casamento que ia acontecer. O pai da noiva, Coronel Pedro Rodrigues Chaves, teve a infeliz ideia de trazer uma banda de música para tocar na festa de casamento. A banda ensaiava na praça perto da casa dele. Assim que a banda começou a tocar, a cada batida dos pratos, frangos voavam longe, mulheres gritavam e gente se enfiava debaixo da cama de susto, por não saber o que era aquilo. Tudo isto para o casamento de Octávio Macedo e Maria da Glória Chaves. Não posso deixar de comentar dois pratos para mim exóticos; foram: um cabrito recheado de macarrão e doce de botão de flor de maracujá. Minha avó contava que este doce foi novidade em um casamento em Uberaba. Resolveram então fazê-lo, só que apanharam os botões já um pouco abertos e, como os doces antigamente eram feitos com açúcar preto (mascavo), depois de cozidos, os botões ficaram parecendo baratas com as asas abertas.

Da união de Octávio e Maria da Glória nasceram Alaíde, Cássio e Amaro. Papai nasceu em 10 de maio de 1914.

A partir do casamento, vovô deixou a fazenda da mãe e passou a trabalhar para o sogro.

Algum tempo depois, vovô deixou o emprego do sogro e foi trabalhar para seu irmão Dr. Nicodemus Macedo, engenheiro e farmacêutico formado pela Escola de Minas de Ouro Preto e pela Escola de Farmácia de Ouro Preto.

Vovô Octávio trabalhava como agrimensor, pois adquiriu prática no período em que estudou em Ouro Preto. Não se formou porque seu pai morrera e antigamente era costume, em caso de morte do pai, o primogênito assumir o cuidado da família. Como era o segundo filho, e seu irmão Nicodemus já estava cursando a faculdade, ele determinou que o irmão continuasse os estudos e voltou para cuidar da mãe e dos doze irmãos que moravam na fazenda. A vida dos dois irmãos, vovô Octávio e vovô Nicodemus, não era nada fácil. Vovô Nicodemus pegava serviço de medição de terra, geralmente grandes fazendas a serem divididas entre herdeiros. Eles tinham de construir, no local onde iam trabalhar, ranchos para acomodar as esposas, filhos e empregadas. Vovó contava que, com a ausência deles muitas vezes por mais de quinze dias, tinham de manter caldeirões de água fervendo dia e noite, pois eram a única arma que possuíam.

Passado algum tempo, ele comprou uma fazenda bruta, de sociedade com o irmão Nicodemus, à beira do rio Paranaíba (Fazenda do Praião), atualmente região de Capinópolis. Vovô Nico acabou vendendo sua parte na fazenda para vovô Octávio porque seus objetivos eram outros. Enveredou na vida política. Foi ele quem emancipou Campina Verde. Fez o traçado todo das ruas de Campina Verde, e foi também o primeiro prefeito da cidade.

Os filhos de Octávio e Maria da Glória passaram a estudar em Ituiutaba. Cássio e Amaro ficaram internos no colégio das freiras, e Alaíde interna no colégio do José Inácio. Papai e tio Cássio contavam que sofreram horrores nas mãos das freiras e depois se soube que elas já haviam sido expulsas da Congregação a que pertenciam. Quais os motivos? Não sabemos.

Papai fez o curso primário na Escola do José Inácio e o curso ginasial no Colégio São João em Campanha, Sul de Minas. Formou-se como Técnico Agrícola pela Escola Superior de Viçosa, atualmente Universidade Federal de Viçosa. Preparando-se para o vestibular para a Escola de Agronomia de Viçosa, foi chamado pelo cunhado, Álvaro Brandão de Andrade, para ajudá-lo no colégio que acabara de fundar em Ituiutaba, o Instituto Marden.

Em 1941, casou-se com Célia Duarte Macedo, sua prima, filha do Dr. Nicodemus e Zina Duarte Macedo. Foi um conhecimento de toda a vida, pois, quando minha mãe nasceu, ele a pegou no colo. Durante as férias, ele sempre ia para a fazenda do vovô Nico ficar com os primos, que eram de idade semelhante. Quando minha mãe veio estudar em Ituiutaba, ficou interna no colégio dos meus tios Alaíde e Álvaro. A aproximação tornou-se maior ainda, porque ela era sua aluna, apesar de manter-se sempre cautelosa pelo fato dele ser muito namorador. A atitude de mamãe despertou nele um interesse ainda maior, levando-o a definir com vovó Zininha a sua intenção de se casar com ela. Papai conta que foi com tio José (irmão da mamãe) passar férias na fazenda do vovô Nico. Ele e mamãe já estavam de namorico, mas nada oficial. Tio Zeca (irmão dos vovôs Octávio e Nicodemus) resolveu visitar seu irmão Octávio na fazenda do Poço (Capinópolis), levando consigo papai e tio José. Quando tio Zeca resolveu voltar, tio José chamou papai para voltar com ele para a fazenda do vovô Nico. Papai ficou meio apreensivo, pensando no que vovô Nico iria dizer. Mas resolveu e voltou. Chegando à fazenda, em uma sexta-feira, dia em que vovô Nico voltava de Campina Verde para a fazenda, pois já era prefeito e passava a semana toda na cidade, tia Maria (irmã mais velha da mamãe) quis então avisar vovô Nico, telefonando para ele e contando que papai estava lá. Vovô Nico, já bravo ao telefone, perguntou: "O que o Amaro está querendo aí em casa?" E tia Maria respondeu: "Está querendo ser seu genro". À noite, meu pai escutou uma discussão entre meus avós, e ouviu quando vovô Nico disse para vovó Zininha que deveriam mudar a mamãe de colégio, pois papai dava aulas lá, morava lá e isso poderia causar algum transtorno para tia Alaíde e tio Álvaro. Papai, depois de ouvir a discussão, viu vovó Zininha na cozinha perto do rabo do fogão de lenha. Chegou e disse que ouvira sem querer a discussão e perguntou qual era a queixa do vovô Nico. Minha avó então disse: "O problema, Amaro, é que você não se define". Papai respondeu: "Como? eu quero me casar com a Célia, já estou definido". Vovó ficou satisfeita e tratou de chamar vovô Nico para dar a notícia. Depois chamou minha mãe lá no quarto e disse que papai a tinha pedido em casamento, e se ela queria se casar com ele, minha mãe disse que sim, sendo abraçada pela minha avó, que caiu em prantos, pensando na filha que iria embora.

Preocupados com o parentesco, vovô Nico foi a São Paulo averiguar os perigos de tal união e recebeu a informação de que, não havendo quaisquer problemas hereditários nas duas famílias, o casamento poderia realizar-se. Com relação a este assunto, nós as filhas gostamos de brincar dizendo: "Qualquer pessoa que nos olhar vai dizer: elas são normais, só são feias", mas acontece que o problema ficou invisível, ele está dentro das nossas cabeças. Mamãe fica possessa quando a gente brinca a este respeito.

Em 28 de janeiro de 1941, casaram-se em Campina Verde. Neste casamento não teve banda de música e nem gente se enfiando debaixo da cama. O casamento foi às seis horas da tarde, e os noivos iam de carro para a igreja e voltavam a pé depois do casamento. Foram passar a noite de núpcias na fazenda do vovô Nico e acordados pelo mensageiro da sogra, vovó Maria, para saber se estava tudo bem. Além do mensageiro, estiveram lá, também, tio Zeca e tia Maria com desculpas esfarrapadas. Mamãe, rindo, nos contou que a vontade dela foi dizer aos xeretas: "Vão embora, pois estamos bem, não precisamos de nada e só queremos que nos deixem em paz".

Vieram morar em Ituiutaba. Ambos lecionavam no Instituto Marden.

Aí viemos nós: Regina, Marília, Beatriz e Maria do Carmo.

Papai sempre foi aventureiro. Assim que abriu uma escola de pilotos aqui em Ituiutaba, ele se inscreveu, tirou o seu brevê em 1945, e comprou um Cesna. Começou com isto a levar o vovô Octávio para as fazendas dele e a fazer viagens, até que minha mãe, preocupadíssima, lhe deu o xeque-mate: "Eu me casei com o professor e não com o aviador, sendo assim, ou eu ou o avião". Papai optou por ela, e vendeu o avião.

Em 1958, começou a dar aulas de Matemática e Ciências no Colégio Santa Tereza, um colégio de freiras, aqui em Ituiutaba. O salário dele lá não era muito bom e um dia ele falou com a diretora do colégio, Irmã Letícia: "Irmã, a senhora podia pagar mais um pouco, porque na verdade a senhora paga mais é em orações".

Colecionar selos era outro *hobby* antigo de papai, podendo-se dizer que hoje possui boa coleção. Desde quando estudava em Campanha, ele e meu tio Cássio colecionavam selos e para eles o que era importante numa coleção era a quantidade e não o seu valor. Houve até um caso em que um padre ficou sabendo da coleção deles e os chamou na sua sala. Vendo os selos, tratou de separar os que eram de interesse dele e lhes deu, de volta, um punhado de selos, que os fez saírem pulando de alegria e dizendo: "Agora nós temos selos".

Papai tinha uma preocupação: queria um lugar, um quintal onde suas filhas pudessem brincar. Comprou 25 lotes fora da cidade, na época. Ali foi plantando árvores frutíferas e árvores ornamentais, que cuidava com a maior dificuldade, levando água da cidade em tambores para aguá-las. Nesta empreitada contou com total apoio da mamãe. Ela sempre gostou de marcar datas importantes plantando árvores. Temos em nossa chácara um cedro plantado no dia 31 de julho de 1958, data em que papai recebeu a medalha Mérito Dom João VI no Rio de Janeiro; uma murta plantada quando meu avô Octávio Macedo completou cem anos, no dia 25 de outubro de 1987; e um ipê-branco plantado quando a nossa chácara completou cinquenta anos, no dia 18 de maio de 2002. Os dois sempre gostaram de plantar, inclusive minha bisavó Maria do Carmo do Amaral Chaves sempre dizia: "Vocês dois, Deus fez e Deus ajuntou", quando via a horta e o jardim deles depois de casados. Aos poucos, construiu uma casa de madeira, colocou água, energia. Isto passou a possibilitar períodos inesquecíveis para as filhas, sobrinhos, netos e bisnetos. Em nossa chácara estamos plantando sementes das frutas do campo como: cajuzinho-do-campo, bacupari-do-cerrado, gabiroba, araçá-rasteiro, araçá-do-cerrado, murici e muitas outras, apenas com o intuito de preservação. E hoje ele pode dizer: "Eu tenho um quintal".

A vida de fazendeiro do papai começou realmente com sua aposentadoria do magistério.

Ele havia herdado do vovô Octávio uma fazenda em Ipiaçu (MG), que ele alugava. Vencido o aluguel, papai começou a cuidar da fazenda. Com a construção da Usina de São Simão, no rio Paranaíba, a maior parte da fazenda foi inundada e, com o dinheiro da indenização, foi possível comprar uma outra fazenda no município de Campina Verde. Era uma fazenda bruta. A sua intenção era vendê-la mais tarde, porque sua mãe sempre dizia: "Quer ver um homem pobre, reduz o que ele tem em cobre!" Seria uma aplicação do dinheiro. Só não o fez, porque já possuía um gado regular, pelo qual ofereceram ninharia. Teve então de formar alguns pastos para poder colocar o gado, construir uma casa para alojar o vaqueiro, mantendo um quarto para ele. Íamos pouco à fazenda pelo fato de não termos casa. Começamos, mamãe e eu, ajudadas pela tia Alaíde, a "botar fogo" no papai para ele construir uma casa para nós. Conseguimos, e em novembro de 1985 a nossa casa estava pronta. Ficamos então praticamente morando lá.

A nossa fazenda é mais uma filosofia de vida do que uma empresa rural. Damos aposentadorias aos cavalos depois de anos de serviços prestados. Normalmente, os cavalos são descartados pelos seus donos quando estão velhos. Acolhemos muito bem mutuns, seriemas, cobras, aranhas caranguejeiras, tamanduás-bandeira e qualquer outro bicho que nos resolva frequentar. Quando alguém me fala de bichos que estão ameaçados de extinção, costumo brincar: "Em extinção estão as galinhas da mamãe". Chegamos a ter uma aranha de estimação que vivia nas paredes e no teto de nossa casa; ninguém a matava. Um belo dia, chegamos à fazenda e, passadas algumas horas, mamãe me disse: "Matei a aranha, tentei tocá-la do meu quarto e ela não saiu". À noite estávamos vendo televisão e papai olhando para cima disse: "Não estou vendo a aranha, será que ela faleceu?". Respondi: "Ou será que faleceram ela?". Ele olhou para mamãe e disse: "Ah não, Célia, que covardia!" Dona Célia muito brava disse: "Gosto muito de bicho: eu aqui e ele lá fora".

Mais tarde, mamãe me pediu que ajudasse o papai na fazenda.

Um dia, coligindo plantas no cerrado da fazenda levou uma varada, no olho esquerdo, de um ramo de "unha-de-cabrito" (*Bauhinia bongardi* Steud.), ocasionando a perda de visão de um de seus olhos. Mas não parou de trabalhar, não! Hoje, com a idade avançada do papai, tornei-me sua gerente.

Na fazenda, ultimamente, estamos formando um pequeno bosque em frente à nossa casa. Estamos plantando árvores nativas e exóticas e muitas já estão fornecendo alimento aos pássaros. Temos pequi, jenipapo, umbu, ingá, jambolão, jabuticaba, caroba, pau-brasil, mulungu-do-cerrado, cagaiteira, tarumã, ipê-amarelo, melaleuca, mandiocão, clitória, guapuruvu, mangaba, lamparininha, jacarandámimoso e muitas outras. Sempre procuro dar de presente para o papai mudas de árvores que ele gosta e ainda não tem.

Atualmente, papai continua filatelista e naturalista. Como diz papai: "Coisas de cretino".

3 ⁂ *Paralelo entre Duas Gerações*

Meu avô Octávio Macedo, apesar de ter sido um derrubador de matas, era um homem que lia muito. Lia os clássicos antigos tais como: Victor Hugo, Alexandre Dumas etc., hábito que manteve a vida toda. Viajava muito com a família, proporcionando aos filhos novidades da época.

    Houve um caso, de que eu ri muito, quando me contaram. Numa dessas viagens a Uberaba, vovô comprou para os filhos picolés: eram a última novidade. Depois de chuparem os picolés, vovó preocupada mandou-os dar uma porção de voltas na praça, correndo, para se esquentarem. Podem imaginar isso?

    Sendo basicamente um fazendeiro, não deixou de influenciar, inconscientemente, meu pai. Primeiramente, nas viagens que faziam juntos, quando meu pai, ainda menino, fascinava-se ao vê-lo cortar o cipó-d'água e beber a água contida nele.

    Quando meu pai tinha quinze anos, resolveu que não queria mais estudar. Meu avô prontamente aceitou sua vontade, mas disse que, já que ele não queria estudar, iria então trabalhar com ele. Meu avô na época tinha comprado uma fazenda, e já estava começando a derrubada das matas para formar pastos. Comprou uma foice, chegou para meu pai e disse: "Isto é para você e você vai me pagar por ela". Lá se foram eles para a fazenda. Chegando lá, meu avô tratou logo de fazer um rancho de pau-a-pique, com camas de jirau e colchão de palha de milho para os dois. Meu pai muito nervoso e enfezado com a situação fez um rancho só para ele, e, segundo meu avô: "Fez um rancho que nem a cara dele". Disse que não ia dormir com ninguém. Mais uma vez vovô ficou quieto. De madrugada, o empregado e compadre de meu avô, chamado Luiz Roque, o acordou e disse: "Compadre, o menino está passando frio, está gemendo". Meu avô respondeu: "Deixa, ele não quis dormir no rancho que fiz para nós dois". No dia seguinte, à noite meu pai tratou de se mudar para o rancho do meu avô.

E meu avô começou a *chegar* meu pai no serviço. Um dia (papai me contou), o arroz estava acabando, vovô mandou-o buscar arroz em uma fazenda distante. Papai arreou o cavalo, e foi. Chegando lá, foi informado de que o monjolo estava quebrado, e para limpar o arroz só se fosse no pilão. Meu pai chegou a montar a cavalo para ir embora, mas pensou: "Papai vai me mandar de volta, o melhor é limpar o arroz no pilão". Mas não tinha prática nenhuma, e cada vez que batia com a mão de pilão, espirrava arroz para todo lado.

As mulheres que estavam fiando em uma varanda, vendo a falta de jeito de meu pai, resolveram ajudá-lo. Ele escutou quando uma delas falou: "Coitado, ele não tem galeio nenhum, vamos limpar o arroz para ele". E, rapidamente, juntaram-se as duas e limparam o arroz.

E assim meu avô foi conduzindo a rebeldia do meu pai.

Chegando na cidade, fazia meu pai acordar às 5 horas da manhã para aguar a horta, deixando minha avó possessa, gritando: "Octávio, você não tem alma, você não tem coração". Vovô sempre gostou de hortas, influenciando várias pessoas da família. Ele sempre dizia: "Eu gosto de horta, não gosto de flor, porque flor a gente não come".

Vovô, anos mais tarde, sempre contava aos outros: "O Amaro não queria estudar, mas eu *cheguei* ele no serviço e ele tratou de estudar". E papai respondia: "O Sr. não sabe qual foi o maior castigo que me deu". "E qual foi?" perguntava meu avô. "Foi me mandar levar um cavalo puxado de Ituiutaba para a fazenda do tio Nicodemus!" Ele conta que foi uma viagem difícil, principalmente porque as porteiras eram pesadas, e ele passava com o cavalo e a porteira fechava e o cavalo puxado ficava do outro lado da porteira. Para levar este cavalo, ele teria que passar no vau do rio da Prata, isto é, no local do rio onde a água é pouco funda e pode-se passar a pé ou a cavalo. Não estando muito certo do caminho, foi pedir informação no retiro da fazenda do Aureliano José Franco. Antigamente, as fazendas eram muito grandes e para facilitar o trabalho com o gado construíam-se várias casas (retiros) para os empregados em diversos locais da fazenda. O empregado do retiro perguntou se ele tinha costume de passar lá, e quem o tinha mandado passar no vau. Ele respondeu que estava a mando de seu pai. Ele então disse: "Seu pai não tem juízo; você vai morrer lá, porque o rio está cheio. Vou te ensinar um outro caminho". Meu pai disse: "Mas, eu não chego lá hoje!" "Mas, chega amanhã", disse o empregado do retiro. Ele acatou o conselho, seguindo o novo trajeto. Pernoitou na fazenda do Sr. Inácio Franco, onde foi muito bem recebido. No dia seguinte, chegou ao destino final são e salvo.

Resultado: o papai, no ano seguinte, voltou depressa para a escola. Formou-se Técnico Agrícola na Escola Superior de Viçosa.

Para quem lê isto, vovô pode parecer muito duro, mas deu a toda sua família o sentido de honra e valor de família, pois tinha seus momentos de total dedicação, primeiro aos filhos e depois aos netos. Era a ele que as crianças recorriam à noite com seus medos e dores.

Meu avô sempre deixou os filhos irem atrás de seus sonhos, quando adultos. Nunca interferiu, nunca os obrigou a serem fazendeiros como ele sempre foi. Sempre perguntei a meu pai o que vovô falava em relação a sua vida de naturalista, se fazia alguma crítica do tipo: "Isto não dá dinheiro". Papai me disse que ele não falava nada e até mostrava algumas plantas dizendo: "Amaro, esta planta você não conhece". Vovô chegou a acompanhá-lo em algumas viagens. Papai contou que, quando foram a Goiás, ele acordou de manhã e perguntou na fazenda onde estavam hospedados: "Onde está meu pai?" responderam-lhe: "O Sr. Octávio está no mato, cortando cabo de pereira para levar". Estes cabos serviam para ferramentas, como enxadas e enxadões. E assim os dois viajavam juntos, cada um com seu objetivo.

Vovô, às vezes, era irônico com os filhos. Meu pai conta que uma vez, já formado, quis plantar um alqueire de milho em sociedade com seu tio Pedro Amaral Chaves, um ano mais novo que ele. Fizeram um empréstimo no banco e o papai foi mostrar, no papel, para vovô Octávio, o quanto iam lucrar. Vovô gritou para minha avó: "Maria, o Amaro vai ficar rico, plantando um alqueire de milho". Só que os dois rapazes, com o dinheiro no bolso, foram brincar o carnaval, contando certo com o lucro da plantação de milho. Resultado, não obtiveram o lucro esperado e até depois de casado, papai ainda continuava a pagar o empréstimo.

E o vovô Octávio, apesar deste jeito de educar os filhos, obteve deles uma quase que adoração.

4 ✤ O Início de Tudo – Como Ele se Tornou um Naturalista

Não podemos negar que, antes de tudo, o papai estava predestinado a ser um naturalista. Muitos começaram como ele, dando aulas de Ciências, e nunca despertaram para a pesquisa e divulgação da nossa flora.

Recém-formado como Técnico Agrícola e voltando a Ituiutaba para se preparar para o vestibular da Escola de Agronomia de Viçosa, foi convidado pelo meu tio Álvaro Brandão de Andrade, seu cunhado, a lecionar no colégio recém-fundado na cidade, o Instituto Marden.

Tio Álvaro o convidou, porque viu sua dificuldade em se preparar sozinho para o vestibular, sem a ajuda de um orientador, e também estava com problemas de encontrar professor nas áreas de Matemática e Ciências.

Papai começou a dar aulas em 1935, no curso primário, ambientando-se no magistério. Mais tarde passou a dar aulas de Matemática, Ciências e Desenho Geométrico no curso ginasial. Com a criação do Curso de Comércio, papai deu aulas de Estatística. Nas ausências do tio Álvaro, papai assumia a direção do colégio e do internato. Naquela época meu pai era uma espécie de quebra-galho do tio Álvaro. O que o colégio precisava o papai assumia como substituto. Gostava também de esporte e manteve durante um período times de vôlei e basquete.

Casos engraçados entre alunos e professores sempre ocorrem em todas as escolas. Com o papai não deixou de ser diferente. Uma vez, andando pelo quintal do internato, viu um cacho de banana afanado por dois alunos internos, dependurado em uma mangueira. No dia seguinte, durante uma aula, já imaginando quem eram os artistas, comentou: "Há muito tempo trabalho com plantas e ontem vi uma coisa que pensei nunca ver: uma mangueira dando banana". Os responsáveis arregalaram os olhos, pensando: o professor Amaro já sabe.

Como diretor do Curso Noturno do Marden, começou a receber reclamações dos professores das salas cujas janelas davam diretamente para a rua. Moleques subiam nas janelas e atrapalhavam as aulas. Pensou em como resolver o problema. Bater boca com moleque eu não vou, moleque é com moleque. Foi então numa das salas prejudicadas, pediu licença à professora e perguntou aos alunos: "Quem aqui é bom para correr?" Escolheu da turma de corredores três rapazes e os tirou da sala deixando toda a classe, inclusive a professora, curiosíssimos. Explicou aos alunos o que queria. "Vocês vão se esconder e quando os moleques começarem a atrapalhar a aula, vocês correm atrás deles e lhes deem uns bons cascudos." Assim o fizeram e nunca mais foram incomodados. O comentário dos alunos rindo era: "Puxa, o professor Amaro tem cada ideia". Era assim o modo como resolvia os problemas menores do colégio.

Lecionando Ciências Naturais, começou a ensinar o nome científico das plantas do dia-a-dia, como arroz, feijão, milho, cebola etc. Os alunos por sua vez se interessaram, muitos eram filhos de fazendeiros e começaram a perguntar os nomes científicos de outras plantas – que ele não sabia, mas teve de aprender. Assim foi o começo de tudo, inclusive com aulas de campo, aprendendo juntos professor e alunos. Suas aulas de campo não eram piquenique para ele, mas para muitos alunos era, porque gostavam dos lanches que ele levava. Iam sempre a pé e papai mostrando durante a caminhada a vegetação em si. Foi um professor moderno para aquela época, pois levava também suas alunas, o que não era comum. Muitas dizem hoje que gostam de plantas e protegem o meio ambiente por causa dessas excursões.

Assim tudo começou.

PARTE II
O Coletor

1 ❧ As Primeiras Coletas

Como um professor do ensino secundário chegou à posição de um dos maiores colecionadores de plantas do século XX? Com muito empenho, muito trabalho e dedicação e pedindo ajuda de como agir com botânicos conhecidos do país. Precisou aprender tudo para coletar as plantas e manter os exemplares em boa condição. Ele tinha necessidade de saber como secar o material, que tipo de papel utilizar, o tamanho do papel para que mais tarde a exsicata coubesse nos armários de um herbário, e muitos outros pormenores técnicos.

Antes de começar as coletas, Amaro Macedo escreveu ao Instituto de Botânica de São Paulo, pedindo informações sobre como tratar as plantas que iria colher, como secar. Também perguntou se havia interesse deles nesse trabalho.

Recebeu a primeira informação de Joaquim Franco de Toledo (1905-1952) dizendo que havia interesse nas coletas. Pediu que mandasse pacotes com apenas dez plantas de cada vez, para evitar o acúmulo de exsicatas, dado o grande número de consultas que ele recebia no Instituto de Botânica. As plantas foram chegando ao Instituto de Botânica, e Toledo, vendo tantas novidades e a seriedade do trabalho do coletor, começou a orientá-lo melhor na preparação das exsicatas e, também, a esclarecer todas as dúvidas que ele apresentava. Além de Toledo, logo Amaro estava mantendo correspondência com Oswaldo Handro (1908-1986) e Frederico Carlos Hoehne (1882-1959), na época o diretor da instituição.

Posteriormente, entrou em contato com especialistas do Jardim Botânico do Rio de Janeiro, como Alexandre Curt Brade (1881-1971), Carlos Toledo Rizzini (1921-1992), e Graziela Maciel Barroso (1912-2003). Correspondia-se também com Guido Frederico João Pabst (1914-1980).

Reprodução de algumas cartas aparecem mais à frente.

Amaro Macedo, até hoje, fala com carinho da dra. Graziela. Ela sempre o ajudou muito, ensinando-lhe, aconselhando-o e fornecendo material para suas excursões. Até hoje, ele usa os mata-borrões, e uma prensa de madeira, que é uma relíquia, enviada por ela para Amaro em Porto Nacional, por avião, em 1955.

Como não havia, na época, botânicos brasileiros especialistas em determinadas famílias de plantas, ele conseguiu alguns endereços e principiou uma proveitosa colaboração. Os primeiros com quem teve contato foram Carlos Maria Diego Enrique Legrand (1901-1982), do Uruguai, e da Argentina com Lorenzo Raimundo Parodi (1895-1966) e Arturo Erhado Burkart (1906-1975). Dos Estados Unidos, o primeiro correspondente de Amaro Macedo foi o Dr. Lyman Bradford Smith (1904-1997). Encontraram-se em Ituiutaba, de onde seguiram para uma excursão em Goiás, em 16 de outubro de 1956. Foi nessa excursão que descobriram a *Bromelia macedoi*, dedicada a Amaro pelo Dr. Lyman (ver carta, em português, mesmo com erros, escrita em 1958). Corresponderam-se durante vários anos e, com sua aposentadoria, seu filho Stephen F. Smith ficou em seu lugar no Smithsonian Institution, continuando o envio de exsicatas e suas posteriores identificações até hoje. É preciso mencionar, também, o botânico norte-americano Robert Edward Woodson Jr. (1904-1963). Woodson ficou sabendo que a filha do Amaro Macedo, a Maria do Carmo, nascera em 26 de abril; Woodson era de um dia próximo, 28 de abril. Ele se afeiçoou a Maria do Carmo, sempre enviando um cartão de aniversário e assinando "tio Bob". Em uma carta a Amaro Macedo:

Little Maria's birthday card is going to arrive much too late this year, but she probably will not be too disappointed, for it brings just as much birthday affection as though it were early. Uncle Bob.

[O cartão de aniversário da pequena Maria vai chegar muito atrasado este ano, mas ela não ficará muito desapontada, pois ele trará muita afeição de aniversário como se tivesse chegado mais cedo.]

Outros botânicos com quem manteve intensa correspondência foram os ingleses Noel Yuvri Sandwith (1901-1965), o italiano naturalizado americano Joseph Vincent Monachino (1911-1962), o sueco Erik Asplund (1888-1974), os americanos Harold Moldenke (1906-1996), Conrad Vernon Morton (1905-1972), Richard Sumner Cowan (1921-1997) e Jason Richard Swallen (1903-1991).

Em fevereiro de 1957, Amaro recebeu um convite do diretor do Museu Nacional do Rio de Janeiro, na época José Cândido de Melo Carvalho (1914-1994), para trabalhar naquela Instituição, na divisão de Botânica. Infelizmente, isto não foi possível, pelo fato dele não ter diploma de curso superior.

Nas primeiras coletas, grupos de estudantes do Colégio Marden iam com Amaro, para aprender um pouco de botânica e coletar plantas. Mas a turma de ajudantes era pouco esforçada. Os alunos que o acompanhavam, geralmente, eram internos do Colégio, e gostavam das coletas por duas razões, porque saíam do internato e por causa do lanche.

Assim, inicialmente, foi aprendendo em pequenas excursões ao redor de Ituiutaba. Quantos exemplares perdeu inicialmente porque não sabia como conservá-los! Ficava enfurecido com a perda, mas continuou e atingiu sua meta. Com a grande coleta de espécies vegetais, muitas possivelmente espécies extintas ou em fase de extinção foram preservadas em muitos herbários do mundo. É sua maneira de lutar pelo meio ambiente, principalmente na região dos cerrados.

E uma informação interessante: a primeira planta coletada por Amaro Macedo foi *Roupala tomentosa* Pohl, em 3 de maio de 1943, em Ituiutaba.

As primeiras coletas foram modestas em número de plantas. Mas foi o começo.

Começou em 1943, fazendo uma visita de três dias à fazenda de um primo, Jonas Felisberto Macedo. A fazenda fica no município de Campina Verde, Minas Gerais.

No dia 18 de dezembro, foi de ônibus com seu material de coleta, os amarrados de jornais velhos. Desceu ao lado da gurita da fazenda. A gurita ou guarita é um ranchinho, com uma banqueta destinada a receber as latas de creme, que os fazendeiros da região enviam às fábricas de manteiga. Caminhou com seus apetrechos para a fazenda, encontrando no caminho seu primo Jonas, que vinha trazendo um cavalo destinado a ele.

Mas o primo Jonas, antes que ele montasse, resolveu mostrar o "amendoim-do-campo" e a "raiz-preta" ou "cainca".

Foram, então, dar uma pequena volta pelo cerrado. Pôde observar que a formação é a mesma dos outros cerrados que ele já conhecia de passagem. Havia uma frequência grande de *Crotalaria*, *Cassia*, *Dipladenia* e *Rhodocalix rotundifolius* Muell. Arg.

Ainda no dia 18 excursionaram ao chapadão da serra da Aroeira. A composição da flora é a de cerrados espessos em certos lugares e, em outros, campinas. Nesta excursão coletou exemplares de *Ver-*

nonia cognata Less. nos pastos da encosta da serra, *Camarea affinis* St. Hil., chamado por lá de "piãozinho", *Blepharodon linearis* Fourn., *Dipladenia nobilis* Morr., *Gomphrena pohlii* Moq., *Arrabidaea platyphilla* (Cham.) Bureau & K.Schum. e *Aristolochia warmingii* Mart. No dia seguinte foram para uma pequena cabeceira onde pôde observar: *Chaptalia* sp., *Mikania officinalis* Mart., *Buettneria scabra* L., *Paspalum*, *Corytholoma sceptrum* (Mart.) Dcne., centenas de compostas e gramíneas e *Tibouchina gracilis* Cogn.

No dia 20 de dezembro, Amaro regressou a pé para Campina Verde, observando as plantas que encontrava pelo caminho. Na lagoa da fazenda de Adelino Franco pôde ver a linda *Rhabdadenia pohlii* Mull. Arg. var. *erecta* Mull. Arg., que na ocasião estava bem florida.

Além disso, seu primo Jonas mostrou-lhe algumas plantas medicinais utilizadas na região. São elas a *Chiococca brachiata* Ruiz & Pav., "raiz-preta" ou "cainca", usada para os porcos que comem pintinhos; a *Cassia rugosa* G. Don., "amendoim", muito usado para enjoos e dores de cabeça; a *Camarea affinis* St. Hil., "piãozinho", afrodisíaco de grande procura; a *Curatella sambaiba* St. Hil., "sambaíba" ou "coitezinho", remédio de maus efeitos para o sexo; a *Gomphrena pohlii* Moq., "sabina", muito usada para o fígado; e a *Trimezia juncifolia* Benth. & Hook f., "cravinho".

A pequena excursão muito agradou ao Amaro, que logo decidiu fazer outra, também curta.

Desta vez, entre 2 e 4 de fevereiro de 1944 partiu para as imediações da fazenda do tio João Felisberto de Macedo. Foi coletar no chapadão da serra da Aroeira, município de Campina Verde.

Uma multidão de plantas estavam floridas na zona campestre do chapadão, sobressaindo espécies das famílias Convolvulaceae, Gentianaceae e Compositae.

Observou que as convolvuláceas que caracterizam o chapadão eram *Ipomoea villosa* Meissn., a *Ipomoea tomentosa* Urb., a *Ipomoea* sp., a *Ipomoea gigantea* Choisy (esta última é uma espécie perfeitamente rasteira) e a *Ipomoea serpens* Meissn. (esta muito comum no pedregulho das orlas da serra). A mais comum e mais linda das Gentianaceae era, segundo Amaro, o *Chelonanthus amplissimus* (L.) var. *acutangulus*. Na várzea do chapadão estavam duas Compositae, o *Clibadium armani* Sch.Bip. ex Baker e a *Chaptalia* sp. Também ocorria ali a Gentianaceae *Chelonanthus* aff.*viridiflorus* (Mart.) Gilg. Estas duas excursões foram o início da longa e proveitosa trajetória de Amaro como naturalista. Elas deram a partida!

Amaro Macedo, no início de sua carreira de naturalista, manteve correspondência com botânicos conhecidos internacionalmente. Sempre foi muito elogiado no que fazia naquele período inicial. Isto pode ser visto em trechos de cartas de botânicos importantes da época, reproduzidos a seguir.

Há uma carta de Joaquim Franco de Toledo, de 29 de setembro de 1943, quando a sede do Instituto de Botânica era ainda na avenida Paulista, 2086. Diz Toledo:

Prezado senhor – Com a presente enviamos a V. S. nossa lista nº 32 correspondente a 9 determinações botânicas de seu material expedido em 22.7.1943. De acordo com praxe estabelecida e para distribuir o trabalho e atender a todos os consulentes de maneira equitativa, só enviamos as determinações que não passem de um total de 10 números de cada vez. Isto quer dizer que os restantes números (até 34) deverão ser informados oportunamente, o que, entretanto não impede que V.S., durante esse meio tempo, nos envie mais material (10 números em cada remessa). Sempre as suas novas e estimadas ordens, subscrevo-me, J. F. Toledo.

E com Oswaldo Handro, da mesma instituição de Toledo, que identificou muitas plantas de Amaro e que, em carta de 24 de maio de 1952, comunica o falecimento de Toledo.

Prezado amigo e snr. – Com grande pesar, cumpro o doloroso dever de comunicar-lhe o inesperado falecimento, a 17 do corrente e após uma semana de pertinaz moléstia (angina pectoris), do nosso querido e dedicado colega Joaquim Franco de Toledo. Aqui sentimos todos imensamente a sua morte prematura, ainda mais quando encontrara ele agora um campo completamente desimpedido para as suas atividades científicas. Foi uma perda inestimável para todos nós e principalmente para a nossa botânica. Enfim, temos que nos conformar com o acontecido, restando-no apenas, para consolo, imensas saudades de quem partiu.

Atualmente estou respondendo pelo expediente da Secção onde continuo ao dispor do distinto amigo no que for possível. Como sempre, todo o material que porventura o prezado amigo se dignar encaminhar a esta Secção de Fitoteca, continuará merecendo o bom acolhimento e constituirá sempre uma valiosa contribuição para o acervo científico deste Instituto de Botânica. Finalizando esta, subscrevo-me com elevada estima e atenciosas saudações, Oswaldo Handro.

E havia colaboração também com o Diretor do Instituto de Botânica, o Frederico Carlos Hoehne, que escreve em 18 de junho de 1948:

Exmo. Sr. Amaro Macedo – A sua carta de 1º do corrente mês, bem como o material que ela refere, chegaram às minhas mãos há alguns dias. Tendo mandado dissecar as flores e ficado ocupado com outros assuntos administrativos mais urgentes, demorei em terminar o estudo dos espécimes. Do nº 1066 tenho necessidade de material e de informações mais completas. Não sei se lhe será fácil colher maior número de exemplares e em lugares diferentes, porque precisava ficar garantido que as folhas sempre se apresentam como estão no espécime que temos em estudo. Também o revestimento será sempre ausente? Pela bibliografia de que disponho esta espécie deverá ser descrita como nova, mas preciso, antes disso, pôr a limpo o que ficou indicado. No caso que seja nova de fato ela será descrita como *Ipomoea macedoi* Hoehne. Desse modo terei o prazer de lhe trazer o meu modesto tributo como eficiente cooperador do nosso Instituto. Envide esforços, todavia, para me fornecer os elementos indicados.

Desde já muito grato, aguardo a sua notícia e material para poder mandar desenhar o espécime. F. C. Hoehne.

O Dr. Harold Norman Moldenke (1906–1996), curador e administrador do Herbário do Jardim Botânico de New York, diz o seguinte em uma carta datada de 12 de dezembro de 1949:

Dear Dr. Macedo – Thank you for your letter of November 11th. The material you mention therein has not arrived yet, but I'll be happy to study it when it comes. You failed to state in your letter if it is send on loan or for me to keep in return for identification. Lacking specific instructions from you, I shall regard it as for us to keep in return for reporting the identification to you. Yes, the Stachytarpheta macedoi is a new species. I shall describe and publish the description in the next issue of PHYTOLOGIA.

With kindest regards and all the best wishes for a blessed Christmas season and a healthful, happy, and eminently successful new year, I beg to remain.

[Caro Dr. Macedo – Obrigado por sua carta de 11 de novembro. O material ali mencionado ainda não chegou, mas ficarei contente em estudá-lo quando chegar. Não é mencionado em sua carta se ele é *emprestado* ou se posso *mantê-lo* aqui após a identificação. Não recebendo instruções suas, eu considero que é para mantê-lo após enviar a identificação para o senhor. Sim, *Stachytarpheta macedoi* é uma espécie nova. Devo descrever e publicar a descrição no próximo número da PHYTOLOGIA. Com meus maiores respeitos e meus votos de um Natal feliz e um ano novo com muita saúde, feliz e de muito sucesso.]

Alexandre Curt Brade (1881-1971), que trabalhou tanto no Museu Nacional como no Jardim Botânico do Rio de Janeiro, comenta:

Prezado amigo Dr. Macedo – Junto com sua carta do dia 27.06.1956 recebi a remessa de 41 exsicatas. Esta coleção é uma das mais interessantes que recebi nos últimos anos! Especialmente interessante para mim são as espécies do gênero *Anemia*, mas não menos: *Adiantum sinuosum*, *Begonia leptophylla* e outras espécies descobertas e observadas no século passado por Gardner (184?) e E. Ule (189?) e não vi exemplares colhidos posteriormente. – Admirável é a alta percentagem de espécies novas de Melastomataceae (e provavelmente de Polygalaceae) da região dos Pireneus. Congratulo o Senhor para este resultado formidável de sua excursão! A elaboração das diagnoses vai demorar um pouco, mas pretendo depois publicar as novidades sob o título "Espécies novas, colhidas no Estado de Goias por A. Macedo". Anexo acha-se a lista das determinações provisórias, que mostra o estado dos meus trabalhos no momento. Com toda estima e abraço cordial,

Há, também, uma carta de Carlos Toledo Rizzini, do Jardim Botânico do Rio de Janeiro, de 9 de agosto de 1948.

Saudações – Foi com grande prazer que recebi do Dr. Brade sua interessantíma coleção de Acanthaceae – modestamente alcunhada de banal por V. S. Segue anexo a esta uma lista com as determinações e respectivas anotações. É de justiça destacar a precisão com que foi preparado o material e a justeza de suas anotações de campo. Pudemos criar 2 novos gêneros, o que mostra o valor da sua coleção e mais ainda, surgiu uma espécie rara descrita anteriormente por mim. Proporemos o nome genérico de *Macedantha* para um deles, prestando assim merecida homenagem a V. S. Remeter-lhe-ei futuramente a publicação. Outrossim, seria útil para nós receber mais material dele.

Gostaria ainda de receber Loranthaceae e Bignoniaceae dessa interessante região, a primeira com flores masc., fem. e frutos sempre que possível ou só com flores de um sexo em último caso; a segunda nenhum préstimo terá sem frutos. Sem mais aqui fico à sua disposição e envio meus agradecimentos, Carlos Rizzini.

E de Graziela Maciel Barroso, da mesma Instituição de Rizzini, em 15 de outubro de 1952.

Prezado Senhor: Muito lhe agradeço, em nome da Secção de Botânica Sistemática do Jardim Botânico, a ótima colaboração que nos vem prestando com a remessa de exemplares de plantas dessa região, tão magnificamente herborizados.

Caso venha ao Rio, algum dia, procure-nos aqui, no Jardim, onde seu nome é muito conceituado. Teremos muito prazer em conhecê-lo pessoalmente.

Desejava lhe pedir um grande favor: sempre que fosse possível ao coletar plantas, não poderia tirar, também, uma pequena amostra da madeira (de preferência, na parte inferior do tronco)? Isso viria auxiliar os estudos de técnicos de outra Secção e é a pedido deles que me dirijo ao Senhor. No momento, interessa-lhes mais as Leguminosas. A amostra deverá vir junto com o material florífero coletado. Desde já muito lhe agradecemos por mais este favor prestado,

Junto lhe remeto as determinações da última coleção enviada. Quanto as espécies de Acanthaceae, ainda não lhe mandei o resultado porque Dr. Rizzini ainda não mo deu.

Sempre a seu dispor, muito sinceramente, Graziela Maciel Barroso.

Um trecho de uma carta de Guido Frederico João Pabst, de 15 de julho de 1956, diz:

Prezado Sr. – Recebi com muito prazer a sua carta de 27 de junho, assim como o material de orquidáceas. Posso congratular-me consigo, pois o Amigo descobriu pela primeira vez duas plantas no Brasil que Cogniaux já citou na Flora Brasiliensis, mas só como "in Brasília forsan adhuc invenienda", pois são plantas do Peru, Ecuador e Bolívia. São elas:

nº 2349 – Ponthieva montana Lindl.

nº 2332 – Stenoptera acuta Lindl.

Também, outras espécies consideradas raras vieram nesta remessa, talvez sejam consideradas raras, porque poucos ooletores estiveram em atividade onde essas espécies são encontradiças. Passo a enumerar todo o material. Pabst.

Richard Sumner Cowan (1921–1997) foi durante muito tempo curador do Herbário do Instituto Smithsonian; diz em carta de 25 de janeiro de 1958:

Dear Dr. Macedo – I am enclosing a reprint of a paper published very recently in which the new species of Harpalyce based on your collection was published. I feel sure that Harpalyce macedoi is a good species which is the smallest way of paying tribute due you for your excellent field work. With very best wishes and regards.

[Caro Dr. Macedo – Em anexo uma separata de um trabalho publicado recentemente no qual a espécie nova de Harpalyce baseada na sua coleção é descrita. Tenho certeza que Harpalyce macedoi é uma espécie válida, o que é um pequeno tributo devido ao senhor por seu excelente trabalho de campo. Com meus cumprimentos.]

E para terminar, uma carta de Lyman B. Smith, do Instituto Smithsonian, de 27 de janeiro de 1958, escrita em português, com alguns poucos erros.

Exmo. Sr. Dr. Amaro Macedo
Caixa Postal 178
Ituiutaba
Minas Gerais, Brasil
Prezado amigo Dr. Amaro:
Pouco tempo passado encontrei que a *Bromelia* que colhemos sobre a Serra dos Pirineos é nova espécie. Vou publicá-la no "Bromeliad Society Bulletin"

como *Bromelia macedoi*, uma lembrança feliz da nossa semana junto. Incluo um foto dela aqui e também mais uma lista de determinações dos seus números. Pode dar-me os números que colhemos junto, queiro fazer uma lista especial deles?

Abraços cordiais do amigo, Lyman B. Smith, Curator, Division of Phanerogams.

2 ❧ Espécies Coletadas

Nas várias excursões, na maioria delas como um solitário naturalista, entre 1943 e 2007, coletou 6 008 espécies, a maioria delas de espécies de plantas dos cerrados. Coletou por Minas Gerais, Goiás, Pará, Maranhão e Rio de Janeiro, muitas vezes em locais nunca visitados antes pelos botânicos, como na própria região de Ituiutaba, onde vive. Coletou em Natividade, Porto Nacional e Filadélfia, que naquele tempo faziam parte do estado de Goiás, mas que hoje pertencem a Tocantins.

Em 3 de maio de 1943, em Ituiutaba, coletou sua primeira planta: *Roupala tomentosa* Pohl.

As exsicatas de todas as espécies estão hoje em herbários brasileiros e de muitos países do mundo.

Algumas dessas espécies eram novidades para a ciência botânica e foram determinadas e descritas como espécies novas. Vamos a elas.

Espécies novas coletadas por Amaro Macedo

FAMÍLIA ACANTHACEAE
Amphiscopia grandis Rizzini

Chaetothylax erenthemanthus Rizzini
Chaetothylax tocantinus var. *longispicus* Rizzini
Hygrophila humistrata Rizzini
Lophothecium paniculatum Rizzini
Ruellia capitata Rizzini
Ruellia rufipila Rizzini

FAMÍLIA AMARYLLIDACEAE
Amaryllis minasgerais H.P. Traub

FAMÍLIA ASCLEPIADACEAE
Ditassa maranhensis Fontella & C. Valente

FAMÍLIA BIGNONIACEAE
Distictella dasytricha Sandwith

FAMÍLIA BROMELIACEAE
Bromelia interior L.B. Smith

FAMÍLIA COMPOSITAE
Gochnatia barrosii Cabrera
Tricogonia atenuata G.M. Barroso

FAMÍLIA CONNARACEAE
Rourea psammophila E. Forero

FAMÍLIA GRAMINEAE
Luziola divergens J.R. Swallen
Olyra taquara Swallen
Panicum pirineosense Swallen
Paspalum crispulum Swallen
Paspalum fessum Swallen
Paspalum formosum Swallen
Paspalum latipes Swallen
Paspalum pallens Swallen

Sporobolus hians van Schaack

FAMÍLIA LABIATAE

Hyptis argentea Epling & Mathias

Salvia expansa Epling

FAMÍLIA LILIACEAE

Herreria latifolia Woodson

FAMÍLIA MELASTOMATACEAE

Rhynchanthera philadelphensis Brade

FAMÍLIA VELLOZIACEAE

Vellozia hypoxoides L.B. Smith

Muitas espécies novas foram dedicadas a Amaro Macedo, mas delas falaremos no capítulo que vem a seguir.

Seu interesse em colaborar e se corresponder com especialistas, agora com nomes das gerações mais novas, continua. Como exemplo, temos trechos de algumas cartas.

Carta da Dra. Lúcia Rossi, do Instituto de Botânica de São Paulo, datada de 11 de março de 1998.

Prezado Sr. Amaro,

Com muito prazer recebemos sua amável carta de novembro último. É com muita satisfação que recebemos notícias suas.

Com relação ao material enviado pelo senhor, o que temos é o seguinte:

5592 *Crotalaria flavicoma* Benth. – os materiais da Serra do Cipó têm pelos mais longos na folha, mas foi a espécie mais próxima que encontramos

5593 *Crotalaria micans* Link

5594 *Crotalaria* cf. *paulina* Schrank

Este gênero está sendo revisado por Windler & Skinner, mas não tenho certeza se eles já publicaram o trabalho.

Desde há muito gostaríamos de conhecê-lo, pois temos em nossa coleção vários materiais interessantes coletados pelo senhor. Tenho curiosidade de saber sua história.

Atenciosamente, Lucia Rossi.

Carta do Dr. João Aguiar Nogueira Batista, da Embrapa Recursos Genéticos e Biotecnologia, Brasília, de 28 de dezembro de 2003.

Prezado Prof. Amaro Macedo,

Ficamos muito gratos pela sua resposta. Com as informações já pude terminar as etiquetas referentes ao material que coletamos nas Serra da Aroeira e Serra do Baú de modo a incorporá-las ao herbário do CENARGEN.

A Galeandra que encontramos na Serra da Aroeira é *Galeandra xerophila*, uma espécie extremamente rara, coletada e descrita pelo Hoehne no começo do século, e somente conhecida de algumas outras poucas coletas. A coleta da Serra da Aroeira é a primeira conhecida para Minas Gerais. Foi uma grande surpresa, pois não tínhamos a mínima ideia de que seria possível coletá-la em Ituiutaba. Este fato ilustra o quanto a flora do cerrado, de uma maneira geral, ainda é pouco conhecida. A região de Ituiutaba parece ser particularmente interessante em relação à composição de Orchidaceae. Se não fossem pelas suas coletas praticamente nada se conheceria desta região, ainda mais hoje em dia, quando pouca coisa sobrou da vegetação nativa original.

Atenciosamente, João A. N. Batista.

3 ❧ Homenagens ao Naturalista

O seu empenho como naturalista foi reconhecido por algumas instituições. Graças aos serviços prestados à Botânica e divulgação da flora do Brasil foi homenageado pelo British Museum of Natural History, de Londres, Inglaterra, sem dúvida uma homenagem muito importante.

Em 1958, foi agraciado pelo governo do Brasil com a Medalha Mérito Dom João VI, pelos serviços prestados ao Jardim Botânico do Rio de Janeiro.

Porém as maiores homenagens vieram de botânicos ilustres que deram a novas espécies o nome de Amaro Macedo.

Homenagem – Espécies Novas Batizadas com o Nome de Amaro Macedo

Mesmo hoje em dia, quando um naturalista faz excursões botânicas pelo território do Brasil, com sua vegetação exuberante, ainda encontra plantas que nunca foram coletadas antes – portanto, ninguém as estudou. Depois de coletadas, estudadas e batizadas, passam a ser as espécies novas.

Amaro Macedo, durante todo o tempo em que colecionou e coleciona plantas, trouxe um grande número de espécies até então desconhecidas da ciência botânica. São as espécies novas, mas algumas delas merecem menção especial: são as espécies que foram batizadas com seu nome.

Eu, por exemplo, durante todas as minhas excursões botânicas, só coletei uma espécie da família Verbenaceae, que não havia sido descrita antes. O material foi enviado ao especialista da família, o Dr. Harold N. Moldenke. Pois é, fui homenageado pelo autor, que deu a nova espécie o nome de *Lippia felippei* Moldenke.

Foi a única espécie nova que coletei. Já Amaro Macedo foi um coletor incansável e muitas plantas eram espécies novas, tantas que foi homenageado com seu nome em várias delas. Grandes taxonomistas brasileiros e estrangeiros receberam seu material para identificar e muitos desses nomes ilustres batizaram as novas espécies homenageando Amaro. Podemos citar alguns como os que pertenciam a instituições de pesquisa brasileiras como Graziela Maciel Barroso, Carlos Toledo Rizzini, Alexander Curt Brade, Frederico Carlos Hoehne, Ida de Vattimo-Gil ou estrangeiras como Lyman Bradford Smith, Harold Ernest Robinson, Arturo Erhado Burkart, Antonio Krapovickas, Richard Sumner Cowan e Harold N. Moldenke, entre muitos outros.

As espécies que homenageiam Amaro Macedo foram batizadas como *macedoi, macedoana, macedonis, macedoanum* e *amaroi*. Estas espécies são listadas a seguir, sendo mencionadas as famílias botânicas a que pertencem, o nome do especialista autor do nome e a revista científica em que a descrição da nova espécie foi publicada. Assim *Vernonia macedoi* G. M. Barroso – Arch. Jard. Bot. Rio de Janeiro 13: 9, 1954, pertence à família Compositae, o autor do nome é a Dra. Graziela Maciel Barroso e a descrição foi publicada na revista

Arquivos do Jardim Botânico do Rio de Janeiro, no volume 13, na página 9, no ano de 1954.

A seguir as espécies novas que homenageiam Amaro, de acordo com "The International Plant Names Index" (IPNI*), 2008.

ACANTHACEAE
Sericographis macedoana Rizzini – *Arch. Jard. Bot. Rio de Janeiro* 8; 357, 1948

ASPIDIACEAE
Polybotrya macedoi Brade – *Bradea* 1: 24, 1969

BROMELIACEAE
Bromelía macedoi L.B.Sm. – *Bromeliad Soc. Bull.* 8: 12, 1958
Dyckia macedoi L.B.Sm. – *Arch. Bot. São Paulo* n. ser. 2: 195, 1952

COMPOSITAE
Mikania macedoi G.M.Barroso – *Arch. Jard. Bot. Rio de Janeiro* 16: 247, 1959
Vernonia macedoi G.M.Barroso – *Arch. Jard. Bot. Rio de Janeiro* 13: 9, 1954
Wedellia macedoi H.Rob. – *Phytologia* 55:396, 1984

CONVOLVULACEAE
Ipomoea macedoi Hoehne – *Arq. Bot. Estado São Paulo* n s. 2: 110, 1950

DRYOPTERIDACEAE
Polybotrya macedoi Brade – *Bradea* 1: 24, 1969

GRAMINEAE
Paspalum macedoi Swallen – *Phytologia* 14: 377, 1967

* IPNI é uma colaboração do The Royal Botanic Gardens, Kew, The Harvard University Herbaria e o Australian National Herbarium.

LAURACEAE
Aiouea macedoana Vattimo-Gil – *Anais 15 Congr. Soc. Bot. Brasil* 168, 1967

LEGUMINOSAE-CAESALPINIOIDEAE
Cassia macedoi H.S.Irwin &. Barneby – *Mem. New York Bot. Gard.*, 30; 136,1978
Chamaecrista macedoi (H.S.Irwin & Barneby) H.S.Irwin & Barneby – *Mem. New York Bot. Gard.* 35: 654,1982

LEGUMINOSAE-MIMOSOIDEAE
Mimosa macedoana Burkart – *Darwiniana* 13: 389, 1964

LEGUMINOSAE-PAPILIONOIDEAE
Arachis macedoi Krapov. & W.C.Greg. – *Bonplandia* (Corrientes) 8: 55, 1994
Harpalyce macedoi R.S.Cowan – *Brittonia* 10: 31, 1958

MALPIGHIACEAE
Banisteriopsis macedoana L.B.Sm. – *J. Wash. Acad. Sci.* 45: 198, 1955
Stigmaphyllon macedoanum C. E. Anderson – *Contr. Univ. Michigan Herb.* 17: 10, 1990

MALVACEAE
Peltaea macedoi Krapov. & Cristóbal – *Kurtziana* 2: 196, 1965

MELASTOMATACEAE
Macairea macedoi Brade – *Arch. Jard. Bot. Rio de Janeiro* 16: 31, 1959
Microlicia amaroi Brade – *Arch. Jard. Bot. Rio de Janeiro* 16: 29, 1959
Microlicia macedoi L.B.Sm. & Wurdack – *J. Wash. Acad. Sci.* 45: 200, 1955

Tococa macedoi Brade – *Arch. Jard. Bot. Rio de Janeiro* 16: 32, 1959

MYRTACEAE

Eugenia macedoi Mattos & D.Legrand – *Loefgrenia* 67: 24, 1975
Hexachlamys macedoi D.Legrand – *Loefgrenia* 55: 1, 1972
Marlierea macedoi D.Legrand – *Bot. Mus. Hist. Nat. Montevideo*, 3: 27, 1962
Psidium macedoi Kausel – *Lilloa* 33: 108, 1971 (publ. 1972)

OCHNACEAE

Luxemburgia macedoi Dwyer – *J. Wash. Acad. Sci.* 45: 198, 1955

ONAGRACEAE

Pelozia macedoi Krapov. & Cristóbal – *Kurtziana* 2: 196, 1965

OPILIACEAE

Agonandra macedoi Toledo – *Arch. Bot. São Paulo* n.s. 3: 13, 1952

ORCHIDACEAE

Cyrtopodium macedoi J.A.N.Bat. & Bianch. – *Novon* 16: 17, 2006

PIPERACEAE

Peperomia macedoana Yunck. – *Bol. Inst. Bot.* (São Paulo) 3: 189, 1966
Piper macedoi Yunck. – *Bol. Inst. Bot.* (São Paulo) 3: 51, 1966

POLYPODIACEAE

Pecluma macedoi (Brade) M.Kessler &. A.R.Sm. – *Candollea* 60: 281, 2005
Polypodium macedoi Brade – *Arch. Jard. Bot. Rio de Janeiro* 11: 30, 1951

RUBIACEAE

Galianthe macedoi E.L.Cabral – *Bonplandia* (Corrientes) 10: 121, 2000

RUTACEAE

Teclea macedoi Exell & Mendonça – *Garcia de Orta. Ser. Bot.* 1: 93, 1973

Vepris macedoi (Exell & Mendonça) W.Mziray – *Symb. Bot. Upsal.* 30: 73, 1992

VELLOZIACEAE

Vellozia macedonis Woodson – *Ann. Missouri Bot. Gard.* 37: 398, 1950

VERBENACEAE

Lippia macedoi Moldenke – *Phytologia* 6: 327, 1958

Stachytarpheta macedoi Moldenke – *Phytologia* 3: 276, 1950

VISCACEAE

Phoradendron macedonis Rizzini – *Rodriguésia* 18-19: 163, 1956

PARTE III

Impressões e Apontamentos de Viagem
Os Textos de Amaro Macedo

Introdução

GIL FELIPPE

A seguir textos escritos pelo naturalista. Com muito cuidado, ele fala das espécies vegetais que foi coletando através de toda sua vida de naturalista. É um relato agradável de alguém que gosta do que faz e mostra sua preocupação para com o meio ambiente.

Mas é muito mais do que isso. Ele me faz lembrar alguns naturalistas dos séculos anteriores, como o naturalista francês Auguste de Saint-Hilaire, St. Hil., como é abreviado pelos botânicos.

Saint-Hilaire viajou alguns anos pelo Brasil, entre 1816 e 1822, tendo escrito importantes livros sobre os costumes e paisagens brasileiros do século XIX. Durante sete anos percorreu o Sul, o Sudeste e o Centro-oeste do Brasil, em viagens muito penosas. Visitou os atuais estados do Rio de Janeiro, Espírito Santo, Minas Gerais, Goiás, São Paulo, Santa Catarina, Rio Grande do Sul. Colecionou cerca de sete mil plantas. Em todos os locais visitados, recolhia informações sobre o uso de plantas na medicina, na alimentação e na indústria.

Amaro, à sua maneira, faz semelhante: fala dos costumes dos povos que visitou, das comidas exóticas para ele, dos preços das mercadorias, do que era encontrado pelos mercados. Enfim, mostra como era a vida das pessoas nos locais por onde andou, gente que vivia sem televisão, muitas vezes sem rádio, sem jornais.

1 ❧ Extrato de Fitofisionomia do Estado de Goiás. Excursão à Serra Dourada

Nos dias 13 e 15 de dezembro de 1951, fizemos a segunda excursão à Serra Dourada. Partindo da cidade de Goiás, passamos pela fazenda Quinta dos sucessores de Olímpio Batista, morador do município de Ituiutaba há muitos anos. O Sr. prefeito de Goiás indicou-nos um guia, sr. Adauto, que nos acompanhou durante as duas viagens que fizemos à Serra Dourada. O sr. Adauto, apesar de sua solicitude, pouco adiantou-nos como guia, como se poderá ver adiante.

O proprietário da Quinta foi muito atencioso, mandando um de seus filhos nos acompanhar durante a primeira escalada à serra. Galgamos a serra, distante uma légua da Quinta, no lugar onde tempos atrás existia um garimpo de cristal. Seguimos pela estrada de rodagem que vai a São José de Mossâmedes até uma encruzilhada, por onde os caminhões passavam para buscar cristal. Deixamos o automóvel próximo à casa de um agregado, a uns 500 m da encosta, e encetamos a subida, que neste ponto é de fácil acesso.

Uma espécie das mais interessantes e muito falada de que tivemos notícia foi a "árvore-do-papel", que encontramos pela primeira vez completamente florida. É uma árvore fina, enfezada, tendo a casca alva e solta; até os galhos mais finos possuem películas desta casca em camadas concêntricas. Tal espécie é a *Tibouchina papyros* Pohl, mencionada por St.-Hilaire. Apresentamos aqui pequena relação de interessantes espécies que constituem a flora peculiar da Serra Dourada: *Wunderlichia mirabilis* Riedel – pequena árvore, também observada no morro D. Francisco em Goiás e nos Pirineus. Desperta atenção no mês de dezembro, pelas suas novas folhas branco-argênteas, dando a impressão de flores.

Mauritiella aculeata (Kunth) Burret – é uma palmeira de 4 a 5 m, típica dos brejos da Serra Dourada, onde denominam "buritirana".

Stipecoma peltigera Muell. Arg. – interessante cipozinho, com flores lilases e que também já vimos na Serra do Cipó em Minas Gerais.

Copaifera langsdorffii Desf. var. *laxa* (Hayne) Benth. – pequena árvore das pedreiras. Verificamos logo a sua semelhança com a nossa "copaíba", mas com órgãos menores e com revestimento.

Qualea parviflora Mart. – pequena árvore com folhas esbranquiçadas. Esta espécie conhecida por "pau-terra" não é encontrada no Triângulo Mineiro.

Dipladenia polymorpha Muell. Arg. – subarbustiva ou volúvel, também encontrada por nós na Cachoeira das Andorinhas, em Ouro Preto.

Manihot rigidula Muell. Arg. – arbusto muito comum e elegante, encontrado principalmente nas encostas.

Outras espécies interessantes que não conseguimos identificar foram observadas como *Anthurium* sp., *Myrcia* sp., *Eugenia* sp., quatro espécies de *Vochysia*, sendo duas arbóreas e duas arbustivas. Das gramíneas colhemos exemplares de *Andropogon*, *Paspalum*, *Axonopus*, *Ichnanthus* etc. Nas vargens, colhemos interessantes *Miconia* e *Microlicia*.

Terminada essa nossa primeira penetração nos domínios da flora da Serra Dourada, regressamos à Quinta e dessa fazenda ao povoado de Mossâmedes, situado a sete léguas da cidade de Goiás. Mossâmedes é um lugarejo com algumas casas de comércio, farmácia e pensões, tendo uma praça com uma igreja no centro. A igreja foi construída pelos índios em 1774, com paredes de terra socada e de um metro de espessura. Na reconstrução da igreja usaram tijolos na parede da frente. Fizeram também no interior uma parede, abandonando assim a parte posterior, que ficou entregue aos morcegos e corujas.

Pernoitamos em uma pensão que, apesar de modesta, serviu-nos ótima comida. O quarto de dormir, em uma casa à parte, deixou muito a desejar, pois com a forte chuva que desabou à noite fomos brindados com enormes jatos d'água, como consequência das goteiras do telhado. No dia 14, após o bem servido almoço, seguimos pela estrada de Goiás uma légua e por um desvio, pouco adiante, ao Retiro do Chico Pinto, nome do fazendeiro que possui, também, outras fazendas. Lá deixamos o auto e iniciamos a escalada da Serra Dourada, distante do sítio 4 km. O retireiro (aquele que, numa fazenda, ordenha o gado) explicou-nos o caminho e seguimos então por trilhos, entre cerrados ralos e campos, deixando sempre de lado as matas. A serra nesse ponto é mais elevada que naquele que escalamos no dia anterior. Por campos e cerrados, cobertos de "vígueiras"?, *Pavonia*, *Byrsonima*, *Vochysia* e várias gramíneas, fomos subindo até galgar o cimo, que aqui é formado de vasta área plana arenosa, muitas vezes entremeada de paredões de pedras empilhadas em lascas. Das espécies observadas e mais comuns citemos *Kielmeyera neriifolia* Camb., subarbusto mais comum nos cerrados da encosta da serra. *Ipomoea pinifolia* Meisn., subarbusto em formações nos campos mais elevados, quase ao atingir o ponto culminante. *Norantea goyazensis* Camb., interessante planta, tendo flores vermelhas com urnas coloridas de roxo. Estas urnas acumulam néctar e servem para atrair pássaros e insetos polinizadores. É uma planta epífita. *Oxalis goyazensis* é uma plantinha campestre.

Antes de visitarmos a Serra Dourada, todas as pessoas com quem conversávamos faziam alusão à famosa "Pedra Goiana", referindo-se também a umas areias coloridas, ao "papiros" e, sobretudo, a uma planta por nome "arnica", muito empregada para banhar feridas.

Como já tínhamos encontrado o "papiros", fizemos esta segunda escalada pelo Retiro do Chico Pinto, com o escopo de atingir a chamada "Pedra Goiana", aproveitando também para fazer um ligeiro levantamento da flora. Logo que atingimos a parte plana da serra, começamos a perceber que o nosso guia estava todo confuso, sendo incapaz de nos indicar um rumo certo.

Resolvemos então atingir a parte norte da Serra, de onde se descortina bonito panorama avistando-se ao longe a cidade de Goiás. Foi deste lado da serra que vimos pela primeira vez o arbusto a que chamam "arnica", identificado como *Lychnophora brunioides* Mart. Esta planta tem as folhas somente nas partes terminais dos galhos, que são poucos e cheios de cicatrizes. As folhas da "arnica" são bem aromáticas e muito apreciadas como remédio.

Observamos, também, na parte plana: *Vellozia squamata*, *Evolvulus* sp. Vegetando na areia e em moitas, um subarbusto, meio enfezado, por nome *Parinarium obtusifolium* Hook f. Outros como *Eremanthus speciosus* (Gardn.) Baker, *Tibouchina papyros* (Pohl) Toledo, *Eriosema glabrum* Mart., *Qualea parviflora* Mart., *Wunderlichia mirabilis* Riedel, *Anthurium* sp., *Ipomoea* sp. etc.

Estávamos desanimados pela dificuldade em atingirmos a "Pedra Goiana" e pelo comportamento duvidoso de nosso guia, mostrando-se ineficiente, achando prudente regressarmos por outro trilheiro. Antes, porém, eu e meu pai resolvemos procurar água para matarmos a sede. Meu pai, homem afeito à vida do sertão e ex-caçador, logo encontrou um regato onde mitigamos a sede. Foi à beira deste regato que encontrei, em grandes formações, um interessante arbusto de mandioca-brava, que identifiquei posteriormente como *Manihot cecropiaefolia* Muell. Arg. Este arbusto tem as folhas branquicentas com nervuras rosadas. Voltamos para onde estava o nosso guia e participamos a ele a existência d'água e, enquanto ele foi saciar a sede, discutimos se deveríamos ou não prosseguir na procura da problemática "Pedra Goiana". Como eu havia observado, em certos trilhos, pequenos galhos de "papiros", concluímos que por aqueles trilhos poderíamos atingir a "Pedra Goiana", pois com toda certeza outros visitantes teriam cortado aqueles galhos. Resolvemos então dispensar o auxílio do guia e em pouco tempo demos, eu e meu pai, com o tão decantado monumento natural. Quem a viu primeiro foi meu pai, e assim se expressou: "Se não for a pedra, é filha dela". Isto em virtude da fotografia que já tínhamos visto na pensão de Mossâmedes. Estava a mesma a uns 100 m de distância e, de onde a vimos pela primeira vez, tem a aparência de uma cabeça humana com um capacete. Fiquei deveras impressionado com a "Pedra Goiana" e com as que a rodeavam! Tem-se a impressão de um cemitério com várias múmias em exposição ou então de uma cidade abandonada em ruínas. Atravessamos um regato e galgamos uma pedreira até nos encontrarmos ao lado da "Pedra Goiana" pela parte sul. A pedra maior pesa umas três a cinco toneladas e está equilibrada sobre outra menor como o travessão de uma balança ordinária. Esta "Pedra" foi dinamitada por um visitante por simples brincadeira de mau gosto, razão pela qual a pequena pedra que a sustenta já está com trincas e, em Mossâmedes, já predizem o desmoronamento breve da pedra[1]. Depois de observarmos algumas bromeliáceas e *Epidendrum* que revestem a "Pedra", resolvemos voltar ao local onde se achava o sr. Adauto.

Encetamos a viagem de regresso passando por pedreiras, cerrados e matas. Nas margens do córrego encontramos *Ucriana longifolia* Spreng., já encontrada em Ouro Preto.

---

1. A Pedra Goiana foi destruída (desmoronou) em 11 de julho de 1965.

2 ❧ Flora do Resfriado*

Nas matas do rio Paranaíba, divisa do Triângulo Mineiro com o estado de Goiás, pequenas áreas descobertas recebem a denominação de RESFRIADO. São áreas florestais de desagregação muito lenta, conservando-se, portanto, em nível superior ao do terreno adjacente.

Ao tentarmos uma pequena descrição destas paragens orladas de matas, quando o labor humano não as substituiu pelo capim-jaraguá, vamos considerar as matas do rio Paranaíba, nas imediações da Cachoeira Dourada e barra do rio Meia-Ponte. Talvez St.-Hilaire, Pohl, Weddell e Martius tenham tido a oportunidade de conhecer estas formações, principalmente St.-Hilaire, que cruzou o rio Paranaíba poucas léguas acima da região considerada.

Vamos então definir o RESFRIADO como um local descampado na mata, ora muito seco, ora encharcado, com subsolo de rocha plutônica, sempre em elevações. A altitude varia entre 580 a 450 m acima do nível do mar.

* Palestra apresentada em 11 de janeiro de 1952, durante o 3º Congresso da Sociedade Botânica do Brasil, realizado em Campinas, SP.

Para tornarmos esta descrição menos imperfeita dividimos a área considerada em duas zonas:

Zona "A" (os bordos) – é a área circunscrita, constituída de árvores, arbustos, lianas e vegetação rasteira;

Zona "B" (o chato) – é constituída pela área mais elevada, plana e desabrigada de vegetação arbórea, com pequenas exceções.

A Zona "A", que contorna a parte central e é revestida de árvores, tem o solo humoso de primeira qualidade para o cultivo de cereais, pois nada mais é que uma porção florestal das que se encontram na região em apreço. Nela distribuímos a vegetação em plantas rasteiras, subarbustos, arbustos, lianas e árvores.

Da vegetação rasteira predominante citemos *Cardiospermum helicacabum* L., que reveste extensas áreas florestais, principalmente do plano inclinado adjacente à zona central. Dos subarbustos, encontramos principalmente *Dorstenia bryonifolia* Mart., *Euphorbia brasiliensis* Lam., *Costus puroilus* Peters, *Spathicarpa burcheiliana* Engl., *Calathea sellowii* Koern, *Maranta arundinacea* L., *Maranta orbiculata* (Koern) K.Schum., *Maranta burchelli* K.Schum., *Panicum trichoides* Swartz, entremeados, muitas vezes, com plantas invasoras, como *Melampodium paniculatum* Gardn., *Hyptis suaveolens* Poit., e outras.

Bonitas lianas enfeitam com o colorido de suas flores, destacando-se: *Adenocalymma bracteatum* (Charo.) DC., *Melloa populifolia* (DC.) Bur., *Paragonia pyramidata* (Rich.) Bur. var. *tomentosa* Bur. & Schum., *Arrabidaea triplinervia* (Mart.) Baill., *Saldanhaea lateriflora* (Mart.) Bur., *Xylophragma pratense* (Bur. & Schum.) Sprague, *Petastoma leucopogon* (Cham.) Bur., *Clytostoma uleanum* Kraenzl., *Bignonia unguis-cati* L., *Pithecoctenium echinatum* (Jacq.) K.Schum., *Amphilophium vauthieri* DC., e outras sem atrativos, mas bem interessantes como: *Dioscorea punticulata* R.Knuth, *Herreria latifolia* Woods., *Forsteronia pubescens* A.DC., *Combretum hilarianum*

D.Dietr., *Marsdenia hilariana* Fourn., *Petrea racemosa* Nees, *Hiraea cujabensis* Griseb, *Aristolochia urupaensis* Hoehne, *Ipomoea martii* Meissn.

Das árvores e arbustos citemos: *Aspidosperma pyrifolium* A.DC., peroba-paulista; *Aspidosperma cylindrocarpon* Muell. Arg., peroba-branca; *Aspidosperma subincanum* Mart., guatambu; *Fagara paraguariensis* Chod. & Hassl.; *Acacia martii* Benth.; *Helicteres lhotzkyana* (Schott & End.) K.Schum.; *Helicteres macropetala* St.Hil.; *Aloysia virgata* (R & P) A. L. Jussieu; *Ixora warmingii* Muell. Arg.; *Enterolobium guaraniticum* (Chod & Hassl.) Hassl., tamboril-branco; *Piptadenia macradenia* Benth., cachorro-magro; *Trichilia flava* C.DC., marinheiro-branco; *Terminalia phaeocarpa* Eich., capitão-do-mato; *Astronium urundeuva* (Fr.All.) Engl.; *Albizzia hassleri* (Chod.) Burkart, camisa-fina; *Cedrela fissilis* Vell., cedro; *Tecoma ochracea* Cham., ipê; *Guarea pohlii* DC.

Com a derrubada desta matas surgem as capoeiras, representadas, principalmente, por *Casearia arguta* HBK., vidro-mole; *Luehea uniflora* St.Hil., açoita-cavalo; *Helicteres lhotzkyana* (Schott & End.) K.Schum.; *Jatropha vitifolia* Mill., urtiga; *Manihot* sp., mandioca-brava; *Rollinia rugulosa* Schlecht; *Chuquiragua glabra* Baker var. *multiflora* Baker, espinho-de-agulha; *Chuquiragua vagans* Baker; *Acacia martii* Benth. etc.

Do mês de junho aos fins do mês de setembro, a vegetação do Resfriado apresenta-se quase totalmente desprovida de folhas, sem considerarmos a flora rasteira, porque esta desaparece da superfície. Entretanto, nos foi possível observar, no mês de agosto, uma espécie de *Trichilia* que ainda mantinha órgãos foliares verdes.

Não nos foi possível apurar ainda a origem do termo RESFRIADO, no sentido por nós aqui empregado, mas possivelmente o nome deve a sua origem aos dois extremos climáticos a que o local está sujeito durante o ano, isto é, ou muito seco ou muito úmido. A desolação causada na temporada seca é compensada pelo lindo aspecto que se observa na estação chuvosa.

A Zona "B" constitui o RESFRIADO propriamente dito. Esta zona plana constitui a porção de terreno mais elevada e está sempre encharcada durante os meses de novembro a abril. Nesta temporada o Resfriado fascina qualquer naturalista, pelo grandioso efeito causado por denso manto colorido onde predomina a cor amarela. Algumas árvores esparsas são bem características no pedregulho central como: *Jacaranda cuspidifolia* Mart., caroba; *Dilodendron bipinnatum* Radkl., maria-pobre; *Callisthene fasciculata* Mart., jacaré; *Sterculia striata* St.Hil. & Naud., sapucaia; e *Astronium urundeuva* (Fr.All.) Engl., aroeira. Quase todas estas árvores, principalmente a aroeira, acham-se carregadas de uma interessante epífita, a *Tillandsia pohliana* Mez.

Em dezembro, a parte plana e desprovida de árvores encontra-se totalmente coberta de um manto amarelo, resultante da aglomeração de uma interessante plantinha ereta, o *Heliotropium fruticosum* L., *H. filiforme* Kunth., ou *H. margaritense* Hassl.; não sabemos ao certo qual a verdadeira identidade da espécie. Logo após a queda das primeiras chuvas, a superfície cobre-se de uma interessante espécie nova de *Zephyranthus* com bonitas flores róseas com agradável cheiro de mel. Na mesma ocasião começa a florescer o *Discocactus alteolens* Lem., com seus agudíssimos espinhos.

Nos meses de janeiro e fevereiro, muda-se o aspecto com o aparecimento de outras espécies em plena floração. Nesta época o local é revestido de espesso aglomerado, onde predomina o amarelo da *Wedelia longifolia* Mart., o roxo da *Stachytarpheta elatior* Schrad. e o azul da *Salvia expansa* Epl., sendo esta uma nova espécie por nós coligida. Constituem a *Salvia* e a *Wedelia* um verdadeiro jardim silvestre digno de ser visto e admirado, sendo que estas formam um bloco compacto onde há menos pedregulho, e aquelas em manchas, à parte eretas e elegantes, sendo muitas vezes parasitadas pela *Cuscuta incurvata* Progel. Da vegetação restante, já observada, passemos a enumerar:

As gramíneas mais comuns: *Panicum hirticaule* Presl. ou *P. exiguum* Mez., *Sporobolus tenuissimus* (Schrank) OK., *Eragrostis pilosa* (L.) Beauv., *Paspalum stellatum* HBK., *Panicum trichoides* Swartz., *Andropogon virgatus* Desv., *Pennisetum indicum* OK. e uma espécie nova de *Digitaria*.

As plantas prostradas: *Mimosa paupera* Benth., *Evolvulus tenuis* Mart., *Phaseolus sabaraensis* Hoehne, *Arachis prostrata* Benth., *Arachis* sp., *Ipomoea macedoi* Hoehne, *Ceratosanthes latifolia* Cogn., *Phaseolus peduncularis* HBK., *Phaseolus longepedunculatus* Mart. e *Ipomoea serpens* Meissn.

Outras plantas comuns: *Aeschynomene americana* L., *A. hystrix* Poir., *Mimosa lasiocarpa* Benth., *Dyckia weddelliana* Baker, *Herpestis gracilis* Benth., *Herpestis ranaria* Benth., *Utricularia subulata* L., *Schultesia guianensis* (Aubl.) Malme, *Fimbristylis annua* (All.) R & S., *Borreria gracilima* DC., *Cleome guyanensis* Aubl., *Euphorbia brasiliensis* Lam., *Mandevilla spigeliaeflora* (Stadelm.) Woods., *Anemia tomentosa* (Savi) Swartz, *Anemia tenella* (Cav.) Swartz, *Ananas ananassoides* (Baker) L.B.Smith, *Tibouchina barbigera* Benth., *Pachyrrizus erosus* (L.) Urban, *Evolvulus elegans* Moric. e *Gomphrena decumbens* Jacq.

A parte central do Resfriado apresenta quase sempre pequenas depressões onde a água pluvial se acumula, formando pequenas lagoas temporárias, em cujas orlas aparecem com frequência *Melochia splendens* St.Hil., *Caperonia palustris* (L.) St.Hil., *Paepalanthus syngonanthoides* Alv. Silv., *Stachytarpheta macedoi* Moldenke e *Arachis* sp.

Nestas lagoas as espécies características, nos lugares de pequena profundidade, são *Aeschynomene filosa* Mart., *Luziola* e *Paspalum*, estas últimas espécies novas; ao passo que, onde a profundidade alcança até 1,5 m, surgem as interessantes plantas aquáticas, que nada mais são que aquelas encontradas nas lagoas do BRASIL CENTRAL, e que são denominadas "lagoas secas".

Da pequena flora aquática citemos: *Hydrocleys martii* Seub., *Hydrocleys parviflora* Seub., *Utricularia obtusa* Sw., *Cabomba caroliniana* A.Gray, *Eichhornia azurea* Kunth., *E. diversifolia* (Vahl.) Urb., *Reussia subcordata* (Seub.) Solms, *Nymphaea giberti* (Morong) Conard, *Nymphaea gardneriana* Planch., *Lophotocarpus seubertianus* (Mart.) Buch., *Limnanthemum microphyllum* (St.Hil.) Griseb, *Nymphoides humboldtianum* (HBK.) Ktze., *Heteranthera limosa* Vahl e *Oriza sativa* L. (em estado selvagem). Não constatamos, porém, a presença da *Benedictaea brasiliensis* (Planch.) Toledo, que é muito comum nas lagoas e regos d'água das fazendas de campo.

Nas orlas destes alagados são frequentes as interessantes espécies *Maranta arundinacea* L., *Maranta orbiculata* (Körn.) K. Schum., uma *Anona* arbustiva com hastes finas e em pequenas moitas, *Sapium hippomane* G. F. W. Meyer (vulgo leiteiro), *Eugenia* sp. (pitanga), *Jatropha vitifolia* Mill. (urtiga) e pequenos cipós como *Smilax* sp., *Dioscorea punticulata* R.Knuth, *Herreria latifolia* Woodson, *Mesechites mansoana* (Mart.) Woodson e *Marsdenia weddellii* Fourn., sendo esta última típica de pedreiras.

Do exposto neste modesto trabalho pode-se concluir que a quase totalidade das espécies enumeradas não são exclusivas do Resfriado e se há de fato, segundo o que vimos observando, algumas espécies que somente são encontradas no local em apreço, queremos aqui evidenciá-las a título de pequena contribuição para o conhecimento da flora do Brasil Central.

Tais espécies são: *Wedelia longifolia* Mart., *Salvia expansa* Epl., *Ipomoea macedoi* Hoehne, *Stachytarpheta macedoi* Moldenke, *Dyckia weddellii* Baker, *Phaseolus sabaraensis* Hoehne, *Heliotropium margaritense* Hassl., *Borreria gracillima* DC., *Evolvulus elegans* Moric., *Evolvulus tenuis* Mart., *Discocactus alteolens* Lem., *Herpestis ranaria* Benth., *Aeschynomene filosa* Mart., *Panicum exiguum* Mez e duas espécies novas de *Luzziola* e *Paspalum*.

3 ❧ Flora do Brasil Central

No dia 20 de julho de 1952, empreendemos, com o estudante Alceu Carvalho Azambuja, a terceira viagem ao sul de Goiás com o objetivo de fazer coleções botânicas. Nesta viagem passamos pelo município de Canápolis, a 57 km de Ituiutaba. Canápolis conta com numerosas casas, bem construídas e com ruas largas e bem traçadas, sendo um dos municípios maiores produtores de arroz do Brasil, mercê do labor de seus habitantes e da extraordinária fertilidade das suas terras. De Canápolis passamos por Centralina, uma incipiente cidade, distante 27 km e com um promissor futuro. Antes de atingi-la, atravessamos inúmeras lavouras com plantações de abacaxi em pleno cerrado. De Centralina a 26 km acha-se a cidade de Itumbiara, situada à margem direita do rio Paranaíba. A cidade encontra-se em vertiginoso progresso, o que se verifica pelo intenso movimento de caminhões e carros. Esta cidade chamava-se Santa Rita do Paranaíba, sendo interessante recordar que por ela passaram Taunay e Saint-Hilaire. Sobre o rio Paranaíba acha-se construída uma linda ponte pênsil, inaugurada em 1906 no governo Afonso Pena. Em Itumbiara almoçamos com o engenheiro Dr. José Duarte Macedo, do DNER,

Vista da ponte Afonso Pena em Itumbiara. Todas as fotos desse capítulo são de Amaro Macedo.

encarregado de reparar a ponte Afonso Pena, providenciando para isso a instalação de uma balsa sobre o rio.

Partindo de Itumbiara às 13 horas, percorremos cerrados até o lugarejo denominado Panamá, distante 46 km. Nesse arraial celebra-se no dia 6 de julho de cada ano uma festa religiosa que atrai grande número de romeiros. Situada além de Panamá, a 23 km, acha-se Goiatuba, que é uma pequena cidade, mas que conta trechos de ruas calçadas. De Ituiutaba a Goiatuba quase não se nota a mudança de vegetação, sendo que a paisagem florística da margem direita do rio Paranaíba é idêntica à do Triângulo Mineiro (altitude até 650 m).

Nos campos de Goiatuba observamos espécies herbáceas e arbustivas como: *Salvia tomentella* Pohl, *Periandra heterophylla* Benth. e *Mimosa setosa* Benth. A 48 km de Goiatuba acha-se a cidade de Morrinhos, bastante próspera com boas casas, colégio, ruas calçadas, praça arborizada e bom hotel. Após percorrer 67 km atingimos Piracanjuba (antiga Pouso Alto). Os campos encontrados entre Goiatuba,

Uma visão do rio Paranaíba em Itumbiara.

Morrinhos e Piracanjuba trazem modificações na sua composição florística, sendo que os cerrados em grande parte compõem-se de terra massapé, dando boas pastagens de "capim-gordura". Aqui começa-se a notar a influência da altitude na ocorrência das espécies. Registramos algumas plantas que não são encontradas em baixas altitudes: *Sclerolobium paniculatum* Vogel, *Cassia orbiculata* Benth., *Hyptis paniculata* Benth., *Cassia multijuga* L.C.Rich., onde se salienta uma interessante composta dos campos altos e cuja presença já constatamos em Almeida Campos, Araxá e São Gotardo. Destaca-se também a interessante Lauraceae arbustiva, bem característica dos campos elevados cuja espécie é *Aiouea trinervis* Meissn.

De Piracanjuba até o rio Meia-Ponte percorremos 20 km. A travessia do rio é feita por sólida ponte de madeira. O vale do rio Meia-Ponte constitui vasta região de terras férteis, ricas em boas pastagens. Adiante 12 km do Meia-Ponte passamos a percorrer a Rodovia BR-14 ou "Transbrasiliana", cujo trecho em construção caminha em direção à cidade de Morrinhos. Nela percorremos 60 km até atingir Goiânia. Tendo pernoitado em Goiânia, reiniciamos viagem no dia

21 em direção a Anápolis, situada a 65 km, tendo antes passado por Goianápolis, a 59 km de Goiânia. Em Anápolis, o Dr. Salvino Pires, engenheiro do DNER, nos deu dois cartões: um para o Caó (zelador da fazenda do Dr. Egídio no rio Maranhão) e outro para o Dr. Emílio Jacques de Morais, engenheiro da Companhia Níquel Tocantins, em Niquelândia. Esses cartões valeram-nos bastante, pois, por meio deles, recebemos o melhor tratamento de que se podia esperar naqueles sertões. Almoçando em Anápolis, seguimos viagem para Corumbá de Goiás, distante 54 km. Através de campos cuja altitude varia de 800 a 1 000 m vislumbra-se belo panorama, notando-se a presença de "canela-de-ema", *Vellozia flavicans* Mart., que bem caracteriza os campos elevados. Das espécies campestres registramos: *Syagrus graminifolia* (Drude) Becc. (coqueirinho-rasteiro), *Maprounea brasiliensis* St.Hil., *Eriosema defoliatum* Benth., *Hoehnephytum trixoides* (Gard.) Cabrera, *Hyptis carpinifolia* Benth., *Eremanthus goyazensis* Sch. Bip., *Vernonia virgulata* Mart., *Mimosa claussennii* Benth., *Trixis vauthieri* DC., *Hyptis durifolia* Epl., *Pavonia rosa-campestris* A. Juss., *Hyptis desertorum* Pohl e uma infinidade de espécies indeterminadas. Pelas 15 horas atingimos Corumbá de Goiás, cuja altitude é de 950 m, sendo, depois de Planaltina, o município mais elevado de Goiás. Corumbá acha-se edificada nas encostas de uma colina e seu aparecimento surgiu do garimpo de ouro. É banhada pelo rio do mesmo nome, onde há uma ponte na saída para Formosa. Em Corumbá pernoitamos na Pensão Corumbá, cujo proprietário é o sr. Tiago Vidal Fernandes. O sr. Tiago é um preto casado com branca, natural de S. José do Tocantins, residindo há cinquenta anos no lugar, onde é pensionista desde 1942. O sr. Tiago nos informou que há 25 anos está em luta política com a família Curado que dominou a cidade durante 25 anos. No último pleito o sr. Tiago venceu as eleições, tendo um dos filhos Anésio Samuel Fernandes sido eleito vereador pelo PSD; outro dos filhos é atualmente delegado de

polícia. Corumbá dispõe de alguns chafarizes e a água é excelente. Sendo entroncamento para Formosa e Planaltina, o movimento de caminhões é bem regular. No dia 22 de julho, às 8 horas, partimos em demanda ao rio Maranhão, percorrendo um trecho admirável da BR-14, num total de 26 km, sendo que a etapa Anápolis–Niquelândia já conta com 80 km construídos por firma particular. Informaram-nos que o DNER está devendo a essa firma a apreciável soma de doze milhões de cruzeiros. Deste modo a construção está paralisada, mas disse-nos o sr. Rubens que há um projeto de quarenta milhões de cruzeiros para pagar a dívida e prosseguir com a execução de novos trechos. No entanto, a notícia corrente é que, por um projeto do deputado Jales Machado, o plano da "Transbrasiliana" vai ser mudado da seguinte maneira: de Anápolis segue rumo a Jaraguá, Colônia Agrícola, Uruaçu, Amaro Leite e Porangatu. O motivo da mudança prende-se ao fato de que já existe um bom trecho de estrada federal que demanda aquelas localidades e que a zona atravessada é de muito maior futuro, porque suas terras são bem férteis.

Deixando a BR-14, seguimos por uma estrada de serviço, atravessando área de terras férteis em terreno acidentado. Nas matas desta região notam-se jequitibás, sucupiras, tamboris e interessante palmeira semelhante ao babaçu. A maior parte dessas terras pertence à fazenda do Estreito, pertencente a uma viúva e distante 43 km de Corumbá de Goiás. Esta fazenda é uma das melhores da região e pertence à família Curado. Dispõe de lavoura de café e boas pastagens. Adiante 8 km está a fazenda Antônio Manoel, e antes de atingi-la percorre-se trecho acidentado, subindo e descendo várias vezes. Tendo encontrado uma queimada em plena brotação fizemos ligeira parada para colher algumas espécies das quais destacamos *Turnera* sp., *Peltodon pusillus* Pohl, *Sebastiania ditassoides* (Diedrichs) Muell. Arg., *Hybanthus lanatus* (St.Hil.) Taub., *Camarea ericoides* St.Hil., *Aspilia foliacea* (Spreng) Baker, *Oxalis goyazensis* Turcz., *Croton* sp.,

Lippia lupulina Cham., *Collaea peduncularis* Benth., *Dalechampia linearis* Baill., *Desmodium platycarpum* Benth., *Icthiotheri* sp., *Bernardia hirsutissima* (Baill.) Muell. Arg., *Eriope crassipes* Benth., *Paspalum* sp., *Panicum* sp., *Axonopus* sp. e muitas outras.

Após passarmos a fazenda Antônio Manoel encontramos um caminhão procedente do rio Maranhão e pedimos informações sobre a estrada. Disse-nos o motorista (José Maria) que até o rio a estrada estava satisfatória, mas que do rio até Niquelândia iríamos encontrar trecho em condições precárias. Neste caminhão viajava o sr. Caó a quem éramos recomendados e que, ao receber o cartão do Dr. Salvino Pires, insistiu para que pernoitássemos no rio Maranhão, pondo à nossa disposição a casa do Dr. Egídio. Distante 6 km da última fazenda há uma encruzilhada cuja estrada vai para uma fazenda; tomamos a esquerda e percorremos cerrados e cerradões cuja composição é idêntica aos de Minas Gerais, principalmente nos cerradões de tingui (*Magonia* sp). Nestes cerradões demos lugar no carro em que viajávamos a um lavrador, sr. Miguel de tal, que fora queimar cal na última fazenda e que demandava o seu sítio próximo ao rio Maranhão, talvez gastando dois dias para fazer o percurso a pé. Da fazenda Antônio Manoel viajamos 23 km até a fazenda Pirapitinga, onde fizemos alto para uma ligeira refeição, pois nosso passageiro informou que a água era boa. Quem viaja por estas paragens na estação seca tem que enfrentar o problema da água, que nem sempre é boa. Na parada que fizemos, pudemos registrar a ocorrência de uma espécie só registrada nos brejos cobertos do sudoeste goiano e por nome *Hirtella glandulosa* Spreng. Prosseguindo viagem, passamos logo a seguir por um cemitério, cercado de aroeira, tendo alguns túmulos e após 19 km passamos pela fazenda Vargem Querida, que tem no sítio várias moitas de bambu. Ainda atravessando cerrados e campos cerrados, a 7 km encontramos a fazenda Cachoeira e desta a 6 km a fazenda Dois Irmãos. Esta fazenda dispõe de uma

Vista do rio Maranhão. Ao fundo a estrada que sobe da balsa do Valdivino.

loja que fornece à vasta região por nós percorrida. Aí encontramos, além de um caminhão, a caminhonete de um viajante (sr. Braz) que iríamos encontrar novamente em Niquelândia e no Macedo. Poucos metros adiante da fazenda Dois Irmãos, logo que atravessamos o córrego, demos com uma encruzilhada, tomando a da direita, pois a da esquerda é a antiga estrada do rio Maranhão. A 23 km da fazenda Dois Irmãos passamos por pequeno sítio e deste a 13 km encontramos o sítio da fazenda do Dr. Egídio no rio Maranhão.

Estacionando na casa do Caó, fomos muito bem recebidos por sua senhora dona Alexandrina e pelo auxiliar da fazenda, Vicente, moço de S. Gotardo, que instaram para que pernoitássemos no local. Acedemos em vista do tratamento dispensado e muito mais pelo cansaço, pois já estávamos com 7 horas de viagem desde Corumbá. Chegamos ao sítio precisamente às 15 horas. A casa do Dr. Egídio acha-se construída numa elevação em pleno campo, sendo coberta de telhas e as paredes pintadas de branco. O piso é de terra socada e as portas são de tábuas removíveis. Na frente da casa há um pátio cercado de gradil e arame liso. Fomos instalados no quarto grande da frente, que dispõe de duas camas. Num biombo de pano e sarrafo tomamos delicioso banho debaixo de uma "faveira", *Pterodon polygalaeflorus* Benth. Antes do banho fôramos conhecer a balsa do rio Maranhão, instalada pelo fazendeiro Valdivino. Custou a importância de Cr$ 40 000,00 com promessas de auxílio do Departamento de Estradas de Rodagem. Apesar do forte declive das margens, a balsa satisfaz bem, cobrando Cr$ 50,00 para passar carros. Nas margens do rio pudemos observar *Ruellia paniculata* L., que é uma espécie alastrante dando belo aspecto com seu colorido azul aos barrancos arenosos. O rio Maranhão tem no máximo ciquenta metros de largura, é raso e seu leito é de cascalho. Entre as pedras marginais colecionamos *Dalechampia triphylla*, *Heliotropium procumbens* Mill., *Sternodia durantifolia* Sw., *Hygrophila humistriata* Rizzini sp. nov. e outras.

Às 20 horas dona Alexandrina nos obsequiou com delicioso jantar regado com bom vinho Clarete que muito nos reconfortou. Depois de gozarmos das delícias de um ar puro e de nos deleitarmos

Casa do Dr. Egídio no rio Maranhão tendo à sua frente a "faveira",-*Pterodon polygalaeflorus* Benth.

Balsa do Valdivino no rio Maranhão.

com o céu estrelado do sertão, pusemo-nos a trabalhar com o material botânico já colecionado. Nos campos do rio Maranhão ainda pudemos anotar: *Ruellia hirsuta* (Nees) Lindau, *Vochysia pruinosa* Pohl, *Ruellia nitens* Nees, a volúvel em capoeira à beira-córrego *Dioclea virgata* (Rich.) Amsh.

Após recuperador sono e com o espírito descansado pela grandiosa visão da montanhosa margem do rio Maranhão, reiniciamos viagem pela manhã do dia 25 de julho. A travessia do rio é bastante morosa, mas é feita com segurança; assim que atingimos o lado oposto, encontramos viajando em um Fordinho 29 o fazendeiro Valdivino, dono da balsa, tendo o mesmo nos informado que a estrada até a sua fazenda era regular, mas para frente estava em más condições. Pela estrada que passamos a percorrer, logo transposto o rio Maranhão, pudemos calcular que seria a pior. Da margem do rio a 39 km acha-se a fazenda de Manoel Barra, que tem num leve outeiro uma capela. Desta fazenda a 3 km passamos pela encruzilhada que leva ao sítio do Valdivino. Desse ponto em diante, tivemos que percorrer trechos esburacados de estrada, motivo pelo qual tornou-

Vista de Niquelândia. Ao fundo a igreja Santa Efigênia.

se monótona e vagarosa a nossa viagem. Cortamos regiões montanhosas, sendo algumas com melhores terras e com boas pastagens, salientando-se os campos de "capim-flecha", *Tristachya leiostachya* Nees. Da encruzilhada do Valdivino a 23 km passamos por uma fazenda e desta a um km o rio Traíras. Antes de atingirmos este, informou-nos um motorista de caminhão que as condições da ponte não eram boas e que tivéssemos cautela ao transpô-la. Felizmente transpusemos este obstáculo sem maiores trabalhos. Do rio Traíras a Niquelândia percorremos 13 km de estrada regular, a não ser na chegada da cidade.

Em Niquelândia nos instalamos na Pensão Goiana, de uma senhora já idosa e cujo nome nos escapou. A cidade foi criada em 1735, pela afluência de garimpeiros que buscavam ouro. Seu povo vive principalmente da criação de gado e de porcos e de alguns produtos agrícolas. Existem atualmente duas igrejas: a Matriz, na praça da Prefeitura, e a de Santa Efigênia, que está prestes a cair. Havia outra igreja, a da Boa Morte, mas esta desabou no dia 1º de junho de 1917. As casas são regulares e algumas bem construídas, encontrando-se ainda algumas com vidraças de mica. Entre os prédios públicos destacam-se o Fórum, a Prefeitura e a Agência dos Correios e Telégrafos. A cidade dispõe de alguns chafarizes onde a água é apanhada pela população. Algumas ruas são calçadas com grandes pedras, dificultando o trânsito de automóveis. As casas são bem juntas e a maioria dos quintais dispõe de muros. O Fórum se acha construído numa pequena elevação.

Dia 24 de julho, fomos conhecer as ruínas do que foi outrora a florescente cidade de Traíras. Fundada nos áureos tempos da mineração do ouro, atualmente conta com umas dez casas velhas e uma igreja em ruínas; em alguns matagais ainda se encontram vestígios de ruas calçadas. Este lugar nos levou a pensar em John Emanuel Pohl que aqui esteve em 1820, viajando para o norte do estado. Nos informaram em S. José do Tocantins que Traíras já contou com sessenta advogados, mas um dos moradores do lugar corrigiu dizendo-nos que eram setenta ao todo. Consta que no tempo em que havia riqueza no lugar vários filhos de Traí-

Vista de uma das ruas de Niquelândia, vendo-se em primeiro plano um curioso "chafariz". Ao lado vê-se o velho muro de adobos.

ras foram estudar na Universidade de Coimbra. Dos arraiais que surgiram da busca de ouro vários já se acabaram, destacando-se Traíras, Cocal, S. Felix e Cavalcante. Cocal era uma boa cidade e possuía 72 lojas. No rio Traíras até hoje ainda se garimpam diamantes. Na excursão a Traíras pudemos anotar as espécies: *Cordia glabrata* (Mart) A. DC. (louro), *Combretum laxum* Jacq., *Moquilea sclerophylla* Mart., *Hyptis macrantha* St.Hil., *Bauhinia viscidula* Harms, *Buchnera virgata* HBK., *Myrcia daphnoides* DC., *Erythrina speciosa* Andr. e *Vernonia macedoi* G.M.Barroso sp. nov.; por estarem ressecadas, nada pudemos registrar das gramíneas. Regressamos a Niquelândia para o almoço, onde também pusemos em ordem o material coligido antes.

No mesmo dia viajamos para o "Macedo", onde se acham as instalações da Companhia Níquel Tocantins. A subida da serra é bem árdua com enormes pedras pela estrada, mas em seguida encontramos uma estrada recentemente patrolada e em melhores condições. Tendo percorrido quatro léguas ,chegamos ao "Macedo" entregando lá ao Dr. Emílio Jacques de Morais o cartão do Dr. Salvino Pires. Tivemos bom acolhimento, tendo oportunidade de visitar as dependências da Companhia, tendo atualmente: oficina mecânica, serraria, laboratório de química, escritório, almoxarifado e um hotel com vinte quartos, dispondo de boas acomodações com modernas instalações sanitárias e espaçoso refeitório. A água que jorra da serra é maravilhosa.

Os trabalhos da Companhia estão paralisados há oito anos, aguardando a construção da rodovia de Corumbá. Foi-nos servido um bom café, depois do qual fomos convidados pelo Dr. Emílio a visitar uma das jazidas de níquel, a JACUBA-1; em companhia de sua progenitora, dona Albertina, e de sua irmã Vera, saímos de jipe e, galgando a montanha, atingimos o cimo onde se encontram várias escavações para colheita de amostras. O minério de níquel é verde

Vista do Fórum de Niquelândia ao alto de um outeiro.

e se chama garnierita (silicato de níquel). Além de desfrutarmos de magnífico panorama do alto da Jacuba, ainda tivemos oportunidade de colecionar interessante material botânico do qual salientamos: *Mimosa formosana* Taub., *Ruellia rupifila* Rizz,, *Microlicia macedoi* L. B. Smith & Wurdach, *Ditassa virgata* Fourn., *Lophostachys montana* Mart., *Lippia schomburgkiana* Sch., *Calliandra macrocephala* Benth., *Ouratea crassifolia* (Pohl) Engler, *Stilpnopappus glomeratus* Gardn., *Cassia lundii* Benth., *Myrcia hypoleuca* Spr. e uma interessante espécie que não sabemos se é *Astronium*; o certo é que ainda não foi identificada. Após o nosso regresso ao "Macedo", jantamos em casa do administrador da Companhia, sr. Muniz, tendo à noite regressado à Niquelândia.

Festa da Santa Efigênia – no dia 25 de julho celebra-se em Niquelândia a festa de Santa Efigênia, pelos homens de cor da localidade. Na manhã desse dia não conseguimos dormir, pois defronte ao nosso quarto acha-se instalado um alto-falante em precárias condições de sonoridade, e que transmitiu as irradiações desde mais ou menos três horas da madrugada.

Igreja de Santa Efigênia em Niquelândia, tendo ao lado os dois sinos.

Sendo dia de festa, todo o arraial se prepara, havendo desusado movimento de pessoas que vêm das roças. Os homens usam roupas novas e sapatos engraxados, as mulheres com a melhor toalete, as meninas com vestidos novos e fitas nos cabelos, numa verdadeira compreensão do significado da data. Forma-se uma espécie de "congado", e os pretos vestem por cima da roupa uma saia rendada bem bonita e semelhante às dos sacerdotes, e uma blusa vermelha. Na cabeça usam espécie de "cocar" semelhante a um espanador cortado no cabo bem junto às penas. Reunidos em grupos, tendo cada um o seu instrumento, sendo os mais comuns a "sanfona pé-de-bode", viola, violão, reco-reco, bumbo etc. O grupo vestido com trajes próprios sai à rua e, de casa em casa, vão cantando e pedindo donativos para a Santa, ao que sempre agradecem com cantigas e muitos fogos. Em S. José do Tocantins, hoje Niquelândia, existem dois alto-falantes: o São José, localizado em uma casa perto do Largo Santa Efigênia, e o Niquelândia, instalado em um bar próximo à Pensão Goiana.

No mesmo dia 25 fomos em companhia de Dr. Emílio, sua progenitora e sua mana, conhecer a gruta calcária de Traíras. Passamos

Palmeiras ao lado do Escritório da Companhia Níquel Tocantins na Praça da Matriz em Niquelândia, vendo-se na frente o muro de adobos coberto de telhas, típico das antigas cidades de Goiás.

por Traíras e, adiante uma légua, paramos na casa de um fazendeiro por nome Getúlio, que foi convidado para nos guiar até as cavernas. Tendo aceito o convite, guiou-nos pela estrada de automóvel que vai a Uruaçu, até a distância de três quartos de légua, onde se divisam três pequenas colinas, sendo que a gruta se acha na terceira. Abandonando a estrada, Dr. Emílio nos conduziu de jipe cerrado afora, e depois por meia várzea, até atingirmos o sopé de uma das elevações. A caverna tem duas entradas e, pela descrição de Pohl, acreditamos que o mesmo tenha nela penetrado pela boca inferior, pois nesta tem-se que descer alguns metros. A entrada desta caverna tem casas de "abelha arapuá", que ataca os intrusos preferindo enrolar-se nos cabelos. A gruta de Traíras é grande e seu interior de beleza impressionante, com suas estalactites e estalagmites, que dão ao ambiente o aspecto de uma capela com alvas imagens. Tendo levado lanternas, pudemos vasculhar o interior de toda a caverna, penetrando os mais profundos labirintos, povoados de morcegos. Impressionou-nos o receio que têm os habitantes do lugar em ser os pioneiros a penetrar na gruta; mesmo tendo à cinta enormes bocas de fogo, se esquivaram alegando que no interior havia onças-pintadas. Aliás, Pohl também fez referências ao pavor que têm os nativos de penetrar nas grutas. Dado o avançado da hora, pouco tempo pudemos permanecer na caverna e retornamos à fazenda do sr. Getúlio, onde nos foi servido um bom café. Nesse mesmo dia jantamos já bem tarde da noite em Niquelândia, sendo convidados a pernoitar no "Macedo", lá chegando quase à meia-noite. Aproveitamos a oportunidade para tomar um espetacular banho, pois em Niquelândia não há banheiros, mas "banhos públicos" no riacho que passa ao fundo. Gozando de um clima de temperatura amena, mais para frio, passamos deliciosamente a noite, depois de dormirmos recuperador sono em macias camas.

No dia 26, após o café da manhã subimos a Serra a pé a fim de fazer herborizações. Fraldeando a montanha em sua parte mais aces-

Igreja Matriz na praça principal de Niquelândia.

sível, encontramos em formações uma Bambuseae, que aqui denominam "taquari", tratando-se de uma planta do gênero *Merostachys* e que em nossa zona dão o nome de "cambaúva". Subindo por uma várzea de "buritis", pudemos coligir interessantes espécies, destacadamente *Polygala nudicaulis* Benn., *Mimosa papposa* Benth., *Pfaffia* sp., *Hyptis rubiginosa* Benth., *H.densiflora* Pohl, *Staelia capitata* K.Schum., *Peixotoa glabra* Juss., *Merremia digitata* (Spr.) Hallier e das espécies mais interessantes: *Stachytarpheta chamissonis* Walp., *Vochysia sessilifolia* Warm., *Ruellia capitata* Rizz. n.sp. e *Diplusodon floribundus* Pohl, esta última muito decorativa nas encostas da serra; suas flores róseas conservam-se muito tempo em vasos sem descorar, e mesmo depois de secas suas pétalas são persistentes. Não nos foi possível fazer um levantamento agrostológico, dado o adiantado da estação seca; contudo, temos alguns gêneros a registrar: *Paspalum, Panicum, Andropogon, Digitaria, Axonopus, Aristida, Tristachya, Eragrostis*. Nestas explorações verificamos a grande diversidade das espécies campestres cujo estudo demanda ardoroso trabalho de coleta nas mais diversas épocas do ano e exaustivos trabalhos de comparação de indivíduos. Constatamos nos campos do interior de Goiás numerosas espécies do gênero *Manihot*, porém quase todas ressequidas. Descendo a serra pelo vale do córrego da Jacuba anotamos: *Maytenus floribunda* Reiss, *Piper regnellii* (Miq.) C.DC., *Adiantum, Anemia* e *Philodendron*. Do córrego da Jacuba à sede da Companhia regressamos em companhia do sr. Muniz, que nos conduziu de caminhão. Almoçamos em casa do administrador Muniz, juntamente com a família de Dr. Emílio, e do viajante (sr. Braz) que havíamos encontrado na fazenda Dois Irmãos. Após o almoço servido com boas iguarias do "sertão" e encantados com a simpatia e fina educação do Dr. Emílio, bem como com sua agradável palestra, dispusemo-nos a fazer os preparativos de regresso, pois tínhamos programado ainda uma excursão aos Pirineus e à Serra Dourada.

Fatos e Casos Estranhos de S. José do Tocantins

Visitando o cemitério da localidade, lá notei um túmulo de um cidadão que pelo nome concluímos ser alemão. Na cidade fomos informados tratar-se de um antigo administrador lá do "Macedo", por nome Fritz Krause, que foi assassinado com dois tiros por Januário de tal. Januário era um sujeito meio tarado e trabalhou dois anos só para comprar um revólver. Vivia dizendo que no dia em que Fritz o pegasse pelo pescoço, como era seu costume, o mataria. Januário um dia chegou atrasado, às 7:20, para o serviço; sendo interpelado, justificou que havia tomado café na olaria; Fritz disse nervoso que o horário era as 7h e ato contínuo o agarrou pelo pescoço, recebendo a seguir dois tiros no abdome. Januário fugiu, sendo capturado a cinquenta léguas distante. Foi julgado e absolvido.

Ágio Pio da Fonseca – não sabemos, ao certo, se era médico ou farmacêutico. Veio do Rio de Janeiro em 1910 e aqui esteve durante quatro anos. Colheu muitas raízes, reduzindo-as a pó. Conhecia uma infinidade de plantas medicinais, como arnica, suma, aconitina, calunga etc. Voltando para o Rio, não revelou aos moradores os resultados de suas pesquisas.

Casos estranhos – na cadeia de Traíras, que era de três andares, havia uma escadaria de madeira, e nela, uma vez, subiu uma vaca raivosa que vagava pelas ruas, sendo açulada pelos moradores. Essa vaca subiu pela escadaria permanecendo na torre três dias, e de lá, soltava berros tristes e assombradores. Ninguém se atreveu a lá subir e ela então saltou por uma das janelas e, coisa inacreditável, apesar dos três andares, saiu andando calmamente.

Padre assassinado – em data muito remota, segundo os antigos do lugar foi assassinado o vigário de Traíras. Era moço bonito e insinuante, motivo pelo qual os rapazes ficaram com ciúmes dele, convidando-o a tomar banho no rio Traíras e lá o matando sem piedade, a pauladas.

Fomos aconselhados a regressar pela estrada de Uruaçu, onde teríamos que percorrer dezoito léguas e alcançaríamos a estrada federal. Tivemos que abandonar a ideia por termos deixado roupas no rio Maranhão.

Com grande melancolia nos despedimos de Dr. Emílio depois de apresentarmos os mais sinceros agradecimentos pela hospitaleira acolhida a nós dispensada. Com grande preocupação de espírito, considerando os percalços da viagem por uma estrada deficiente e completamente deserta, encetamos viagem, deparando primeiramente com a travessia do rio Traíras, cuja ponte estava prestes a desabar. Apesar da grandiosa visão das montanhas que delineavam os horizontes, tínhamos sempre diante dos olhos a agressividade do terreno que percorríamos, com seu cerrado de árvores enfezadas. Subindo e descendo por campos com espécies de *Viguiera, Calea, Microlicia, Tibouchina, Cassia, Luhea, Qualea, Syagrus, Reburnium, Eremanthus*, fomos percorrendo aquela solidão interminável e, nos enganando com o caminho, fomos ter à fazenda do sr. Valdivino. Felizmente o equívoco nos acarretou pequena volta, voltando logo ao caminho certo. Ao anoitecer do dia 26 de julho atingimos a fazenda do rio Maranhão no porto do Quebra-Linha, onde pela segunda vez tivemos hospitaleira acolhida da parte de dona Alexandrina e do auxiliar Vicente. O sr. Caó ainda não havia regressado de Anápolis. Após um lauto jantar, tratamos de colocar em ordem o material colhido no "Macedo", tendo tempo suficiente de apreciar o resultado de nosso trabalho pelas numerosas espécies raras colhidas e de alto significado científico. Mais uma vez nos deliciamos com o banho refrigerante ao pé da "faveira". A água do local é a pior de gosto que já bebemos até hoje, tal é o alto teor calcário que apresenta. Como não estávamos acostumados, sentimos até náuseas ao bebermos tal água. Na bacia em que fazíamos as abluções, o sabão era precipitado, deixando a água leitosa e cheia de grumos. No dia 27, fizemos ligeira exploração botânica nos campos marginais do rio Maranhão, registrando *Physocalymma scaberrima* Pohl (o "osso-de-burro" ou "cegamachado"), *Cassia isidorea* Benth., *Merremia tomentosa* (Choisy) Hallier, *Didimopanax vinosum* (C & S) Planch, espécies de *Vochysia*, de *Symplocos*, de *Hirtella*, notando pelos campos, como em Traíras, *Manihot peltata* e *M. rotundifolia*. Antes de nossa partida chegaram à fazenda dois filhos do Dr. Egídio, um por nome Décio e outro um capitão do exército. Vinham trazendo a notícia que o Caó havia sido acidentado entre Anápolis e Corumbá, o que muito chocou sua mulher, dona Alexandrina. Após o almoço iniciamos viagem de regresso para Corumbá, que foi atingida sem aborrecimentos e depois de estafante jornada. No dia 28 pela manhã saímos para excursionar aos Pirineus e lá aumentar nossas coleções botânicas. Retrocedemos pela Transbrasiliana três léguas e de lá, passando por pequeno sítio, galgamos a serra por estrada de automóvel com suave declive. Os campos adjacentes aos Pirineus, do lado da Rodovia BR-14, são ondulados e proporcionam às nossas vistas um agradável panorama. A vasta extensão das fazendas não compensa o valor da maior parte

Vista do "Morro Cabeludo" na Serra dos Pirineus.

das pastagens, pois notamos que a maior parte das gramíneas é de fraco valor alimentício, como o é o de quase todas as pastagens naturais do Brasil Central. Muitas das várzeas de belo aspecto, de ervas verdejantes e de terra fresca, são despovoadas de gramíneas e a presença de Ciperáceas denuncia o seu baixo valor agrostológico.

A Serra dos Pirineus apresenta, no local em que visitamos, ao que parece o ponto culminante, sendo em número de três os picos principais. No pico mais elevado, foi erigida com grandes dificuldades uma capelinha, que proporciona majestosa visão ao longe e nas proximidades, realçando pela brancura de suas paredes, dominando o horizonte. Esculturada nas paredes laterais, dentro de um círculo e em alto-relevo, vê-se um pentágono estrelado, que é o símbolo de Salomão e chamada pelo povo de "cinco-salomão". Celebra-se nesta capelinha, todo ano, uma festa religiosa, em toda a primeira cheia de julho. A capela é de dimensões reduzidas, comportando apenas o altar com imagem, o sacerdote e o sacristão. Durante os festejos, os fiéis aglomeram-se em volta da capela, em lugares, que não deixam de oferecer certo perigo, sendo que a totalidade se acomoda na estrada em

Capelinha dos Pirineus, vista do lado da BR-14.

Capelinha dos Pirineus. Na fotografia aparece o acadêmico Alceu Carvalho Azambuja.

espiral que vai do sopé ao alto do pico. Nas festas realizadas anualmente há grande afluência de pessoas, principalmente de Pirenópolis, que são os "donos da festa". Dada a rivalidade existente entre as duas cidades, o povo de Corumbá pouco comparece. Durante três dias a festa, o povo constrói ranchos e barracas, sendo aqueles cobertos de lâminas de itacolomito flexível. Após nos deleitarmos com a magnífica visão do alto da capelinha, demos algumas batidas pelos arredores com a finalidade de colecionar plantas. Assim é que, nas adjacências do pico e nas várzeas e brejos cobertos do alto dos Pirineus, conseguimos registrar: *Lycopodium cernum* L., *Paepalanthus speciosus* var. *glaber* Ruhl., *Banisteria* sp., *Microlicia loricata* Naud., *Lippia grandiflora* Mart., *Aster camporum* Gardn., *Hyptis linarioides* Pohl, *Manihot procumbens* Muell. Arg., *Burmania tenera* (Malme) Jonk., *Xyris hymenachne* Mart., *Abolboda poarchon* Seub., *Gomphrena virgata* Mart., *Cassia nummulariaefolia* Benth., *Vernonia simplex* Less., *Sebastiania ditassoides* (Diedrichs) Muell. Arg., *Bombax pubescens* Mart. & Zucc., *Richeria grandis* Vahl, *Gaylussacia brasiliensis* (Spreng) Meissn. var.

Outra vista da capelinha, tirada do lado do "Morro Cabeludo".

pubescens, *Drimys brasiliensis* Miers var. *brasiliensis*, *Trembleya parviflora* (Don) Cogn. ssp *triflora* (DC.) Cogn., *Pfaffia jubata* Mart., *Gomphrena lanigera* Pohl, *Hybanthus lanatus* (St.Hil.) Taub., *Planaltoa salviifolia* Taub., *Myrcia rorida* (Berg.) Kiaer., *Eupatorium pauciflorum* HBK., *Siphocampylus villosulus* Pohl, *Clusia* sp., *Marcgravia umbellata* Griseb, *Mimosa setosissima* Taub., *Cassia paniculata* Benth., *Hedyosmum brasiliense* Mart., e uma interessante espécie de "congonha-de-goiás", que julgamos ser *Ilex affinis* Gardn. Regressando nesse mesmo dia, aproveitamos a oportunidade para conhecer o salto do rio Corumbá, bem próximo à Rodovia BR-14, achando-o de admirável beleza, com sua água cristalina e tendo um leito de bonitos seixos e grandes pedras em blocos. Nas margens do rio Corumbá ainda conseguimos colecionar espécies interessantes de *Elephantopus riparius* Gardn., *Mikania psilostachya* DC. e *Mikania pohliana* Schultz-Bip.

No dia 29 de julho, após trabalharmos no preparo e rotulagem dos exemplares colecionados nos Pirineus, regressamos a Goiânia e, ainda no mesmo dia, seguimos viagem em demanda à Serra Dourada. A 31 km de Goiânia, passamos por uma vila cujo nome não con-

Bromeliaceae epífita do alto da Serra dos Pirineus.

seguimos apurar na ocasião. A 50 km de Goiânia acha-se uma das cidades de mais futuro do estado, Inhumas. Trata-se de rico município com boas terras, tendo grandes lavouras de café e ótimas fazendas de criação de gado. Distante 23 km de Inhumas está a cidade de Itauçu, também com boas terras para criação de gado e lavoura. De Itauçu em diante, a estrada corta um terreno acidentado com boas matas. Distante 33 km de Itauçu acha-se Itaberaí (antiga Curralinho). O trecho de Itauçu a Itaberaí é ótimo, pois está recentemente construído e com pouca trepidação. Chegando em Itaberaí, jantamos e decidimos pernoitar dado o avançado da hora. Dormimos em quarto pequeno e abafado, motivo pelo qual tivemos insônia. Partindo de Itaberaí pela madrugada, tomamos a rodovia que vai a Goiás e, antes de chegarmos a esta cidade, tomamos a estrada que vai para Mossâmedes, sendo esta a pior possível, somente comparável às estradas do rio Maranhão para Niquelândia. Depois de percorrermos 55 km, chegamos ao Retiro do Chico Pinto, ao sopé da Serra Dourada. De Goiânia ao Retiro do Chico Pinto registramos um total de 161 km. A fazenda onde estacionamos mudou de dono e atualmente pertence ao sr. Salomão Augusto de Melo, de Itauçu. O retireiro nos recebeu atenciosamente; é um moço de Patos de Minas, por nome Oreslino Modesto (Nenê) e sua mulher chama-se Bercholina Maria do Nascimento. Sendo um dia de moagem de cana, o sr. Nenê nos ofereceu um copo de garapa e em seguida iniciamos a pé a subida da Serra Dourada, especialmente para fotografarmos a famosa "Pedra Goiana"[1]. Estando o tempo bem seco, poucos exemplares colecionamos nesta excursão, sendo que desta vez encontramos a "Pedra Goiana" sem maiores dificuldades. Como já fizemos ligeira descrição da Serra Dourada por ocasião de nossa segunda viagem, deixamos de o fazer nesta parte. Entre as espécies encontradas temos a enumerar; uma interessante *Cuscuta*, ainda indeterminada, *Scleria bracteata* Cav., *Lophostachys falcata* Nees, *Norantea goyazendis* Camb. e *Bonamia sphaerocephala* (Dammer) Van Ooststroom. Retornamos ao Retiro do Chico Pinto, onde nos foi oferecido um almoço, já às 14 horas. Nesse mesmo dia regressamos a Goiânia, onde pernoitamos e, no dia 31 de julho, seguimos para Itumbiara. No dia seguinte, 1º de agosto, chegamos a Ituiutaba, nosso ponto de partida.

Conclusão: A excursão a Niquelândia, Pirineus e Serra Dourada foi-nos de grande proveito, pelos novos lugares que tivemos a oportunidade de conhecer, pela documentação fotográfica conseguida e principalmente pelo enriquecimento de nossas coleções botânicas. Percorremos um total de 2 050 km, com as distâncias assim discriminadas:

1. A Pedra Goiana foi destruída (desmoronou) em 11 de julho de 1965.

Ituiutaba–Canápolis ...... 57 km
Canápolis–Centralina ...... 27 km
Centralina–Itumbiara ...... 26 km
Itumbiara–Panamá ...... 46 km
Panamá–Goiatuba ...... 23 km
Goiatuba–Morrinhos ...... 48 km
Morrinhos–Piracanjuba ...... 67 km
Piracanjuba–rio Meia-Ponte ...... 20 km
Meia Ponte–Transbrasiliana ...... 12 km
Transbrasiliana–Goiânia ...... 60 km
Total até Goiânia .... 386 km

Goiânia–Goianápolis ...... 39 km
Goianápolis–Anápolis ...... 24 km
Anápolis–Corumbá de Goiás ...... 54 km
Corumbá–até terminar BR-14 ...... 26 km
Final da Rodovia–Faz. do Estreito ...... 17 km
Faz. do Estreito–Faz. Antônio Manoel ...... 8 km
Faz. Ant. Manoel + 6 km, toma-se à esquerda
Faz. Ant. Manoel–Faz. Pirapitinga (boa água) ... 23 km
Faz. Pirapitinga–Faz. Vargem Querida ...... 19 km
Faz.Vargem Querida–Faz. Cachoeira ...... 7 km
Faz. Cachoeira–Faz. Dois Irmãos ...... 6 km
Faz. Dois Irmãos–Pequeno Sítio ...... 23 km
Pequeno Sítio–Faz. Dr. Egídio ...... 13 km
Rio Maranhão–Faz. Manoel Barra ...... 38 km
Faz. M. Barra + 3 km encruzilhada do Valdivino ... 3 km
Faz. Valdivino–uma fazenda + 1 km rio Traíras ... 23 km
Rio Traíras–Niquelândia ...... 13 km
Niquelândia–Macedo ...... 23 km
Total de Ituiutaba até o "Macedo" .... 742 km

Goiânia–pequena vila ...... 31 km
Goiânia– nhumas ...... 50 km
Inhumas–Itauçu ...... 23 km
Itauçu–Itaberaí ...... 33 km
Itaberaí – Ret. do Chico Pinto em Mossâmedes ... 55 km
Total de Goiânia ao sopé da Serra Dourada .... 161 km

4 ❧ Impressões sobre uma Viagem ao Estado de Goiás e ao Norte do Brasil

Cidades visitadas: Natividade, Porto Nacional, Carolina, Filadélfia, Conceição do Araguaia e Belém

❧ DIA 18 DE JULHO DE 1955

Inicio uma viagem com o objetivo de conhecer o Brasil e travar conhecimento com alguns pontos do roteiro de cientistas que nos visitaram no século passado, como Pohl, Gardner, Burchell e Weddell. Às 11 horas, partida de Ituiutaba pela Nacional Transportes Aéreos e chegada a Uberlândia daí a 30 minutos. Uberlândia já dispõe de um aeroporto apresentável, com áreas ajardinadas, casa de passageiros e restaurante. Nesta grande cidade uma coisa salta aos olhos de quem a visita, tal é o grande surto de progresso que ora domina a cidade e o requintado bom gosto de seu povo. Durante o dia ocupei uma das mesas do Bar da Mineira, para tomar uma cerveja, e pude apreciar, com prazer, um ambiente convidativo, onde se nota o asseio impecável das paredes, mesas, prateleiras; as paredes são ornadas de cortinas de grande efeito decorativo, enfim um conjunto que agrada ao mais exigente freguês. A conselho de um piloto, conhecedor do norte de Goiás, resolvi incluir na minha bagagem alguns comestíveis, tais como latas de feijoada, presunto, mortadela, salsichas e bolachas. Amanhã deverei partir às 8 horas para Porto Nacional. Encontrei-me em Uberlândia com alguns ex-alunos: Augusto Reis, hoje dirigente de uma orquestra em Monte Alegre; Maria Aparecida Junqueira Muniz, que trabalha na livraria "A Escolar"; Romis Atux e Nabi Atux, este último sempre atencioso comigo. À noite, no cinema, veio me cumprimentar, juntamente com seu pai, o Orlando Borges, de Pontalina; cumprimentaram-me ainda Marlene Leite de Oliveira e sua irmã Marluce. No quarto do Hotel Goiano estava bem agradável, mas dormi pouco.

DIA 19 DE JULHO

Fui cedo para o aeroporto. Paguei Cr$ 1 120,00 de frete, assim mesmo porque consegui o embarque de minha bagagem científica como carga. Mais ou menos às 8,50 decolamos no ANA (prefixo do avião), somente quatro passageiros e muita carga. Às 8,40 já sobrevoávamos o território goiano, chegando a Goiânia às 9,50. Em Goiânia converso com um maranhense que mora em Cristalândia e tem garimpo em Pequizeiro; informou-me que naquela zona uma água mineral custa 25 cruzeiros, uma cerveja 50, um frango 80 e um ovo 5,00. Disse-me, também, que eu poderia conseguir passagem gratuita no Correio Aéreo Nacional (CAN) por intermédio do bispo D. Alano, ou então das freiras em Porto Nacional. Almoço em Goiânia e desta cidade a Anápolis éramos quinze adultos e duas crianças. Em Anápolis chegam mais cinco passageiros e o comandante não aceita mais carga. Converso com um moço de Natividade, que ao saber que me destino àquela cidade convida-me para ir no dia seguinte pela Cruzeiro. Fico sabendo que João Querido, que é a pessoa indicada para eu procurar, não está em Porto Nacional, e sim em Pequizeiro, que é uma cidade de garimpo de cristal. A viagem, até decolar de Anápolis vai indo muito bem. Acho-me situado no lado direito, com a intenção de ver a capelinha dos Pirineus. Passamos bem por cima de Pirenópolis, mas só pude ver a capelinha muito ao longe. Chegamos a Uruaçu, de onde se vê uma bela estrada federal, que demanda o norte do estado; dizem que já ultrapassou Porangatu, mas que a região onde vai atravessar é um areão topado, não tendo nem lugar para fazer acampamento. Aqui converso com o comandante, que, ao saber de meu interesse pelas plantas, disse-me que é neto de Freire Allemão, a quem chamavam "tio Chico".

A 230 km, uma hora de voo, acha-se a cidade de Paranã (antiga Palma). A região de Uruaçu não tem "risco", quer dizer, quase deserta; não há vestígio da presença do homem ou de gado. O sol aqui está queimando com diferença. Há em Paranã uma estação da FAB, de proteção ao voo. Parabéns! O lugarejo está na confluência dos rios Paranã e Palma. Às 14 horas, vamos decolar para Porto Nacional, a 50 minutos de Paranã. Faltando dez minutos para as 15 horas chegamos a Porto (como dizem por aqui). Bela vista se nos oferece do avião, com grande panorama do rio Tocantins. Do ar a cidade não impressiona bem, com as suas casas velhas, mas sobressaem dois prédios imponentes: o do Colégio das Irmãs e o do Ginásio Estadual. Ao desembarcar no aeroporto, tive a oportunidade de examinar coisas diferentes da flora, por exemplo: o "badoqueiro" – *Parkia platycephala* Benth., o "pequizeiro", diferente do nosso do Triângulo Mineiro, a "negra-mina". O aeroporto é próximo da cidade; ao desembarcar, fico conhecendo um funcionário dos Correios (em férias); disse-me que foi aluno da Irmã Imaculada (tia Etelvina) no 1º ano normal. Vou para a cidade a pé, indo procurar o padre Lázaro Noel Camargo, mais conhecido por padre Lazinho, indo encontrá-lo na sacristia da igreja, consertando um aparelho de radiotransmissor. A princípio estranhou-me, mas, reconhecendo-me, convidou-me a hospedar com ele no convento; mandou um seminarista buscar minha mala no hotel, instalando-me no quarto do padre Rui, que foi assistir ao Congresso Eucarístico. Após um banho reconfortante com água carregada no jegue, convidou-me para jantar, deixando-me depois para retransmitir a irradiação do Congresso Eucarístico Internacional, realizado no Rio de Janeiro. Antes havíamos os dois feito uma rápida visita ao Colégio Sagrado Coração, das Irmãs Dominicanas, ficando conhecendo uma ex-aluna de Irmã Imaculada e uma freira, Irmã Anita, sobrinha do sr. Álvaro Rocha e de dona Henriqueta de Uberaba. Em Porto a luz se apaga mais ou menos às 10 horas. Nesta noite dormi um bom sono e a temperatura foi agradável.

❧ DIA 20 DE JULHO

Levanto-me às 5 e meia da manhã. Padre Lazinho já me espera, para tomar café no colégio das Irmãs, onde somos atendidos mais uma vez por Irmã Anita. Antes de despedir-me do padre Lazinho, o mesmo, com grande bondade, entrega-me uma carta de apresentação para o sr. Sebastião Araújo, em Natividade. Um seminarista carrega minhas malas para o aeroporto. O avião da Cruzeiro decola precisamente às sete e cinco, tendo eu a felicidade de desfrutar de grandiosa paisagem oferecida pelo Tocantins. Já vamos deixando o rio para a direita. Às 8 horas chegamos a Natividade, sendo ao todo dez passageiros desembarcados. A casa do aeroporto é singela e pitoresca. O guarda-campo, sr. Lindolfo, se encarrega de mandar buscar a minha bagagem em jegue, pois este é o veículo usado no lugar. Vou a pé para a cidade; a distância a caminhar é de 2 km e aproveito a oportunidade para examinar a flora e conhecer coisas diferentes.

Chegando-se a Natividade, do aeroporto se avista a grande Serra de Natividade. Caminhando para a cidade, tive a oportunidade de conhecer interessante árvore da família Olacaceae; pertence ao gênero *Heisteria* e desperta atenção pelos cálices vermelhos, grandes e persistentes. Outra árvore que vi pela primeira vez foi o "puçá", que

Casa do aeroporto de Natividade. Simples, avarandada, separada da pista por cerca de arame e cancela. Todas as fotos desse capítulo são de Amaro Macedo.

apresenta o fenômeno da caulifloria. Natividade se encontra mais ou menos ao norte de uma grande serra que tem o seu nome. A cidade foi fundada no ano de 1734, no apogeu do ouro, e da data de sua fundação até 1750 mais ou menos, foi uma florescente cidade, muito rica, tendo sido até capital da província de Goiás. Com a diminuição do ouro e com o encarecimento dos processos de extração, as pessoas mais abastadas ou que dispunham de algum recurso foram abandonando o lugar em demanda de outras plagas, ficando na vila somente os escravos e pessoas menos favorecidas. A população atual de Natividade é constituída, quase na maior parte, de homens de cor, descendentes dos escravos que aqui ficaram. Os recursos do município são limitados e dizem lá, em tom de "blague": "Natividade só tem preto, bobo e preguiçoso!" Todavia, esta não é a impressão do autor destas notas de viagem.

Ao chegar à cidade, procuro a pensão de dona Isidoria Martins Chaves, que me proporcionou tratamento fidalgo, dando-me um quarto espaçoso, com janela para a rua. O quarto tem muitas prate-

Rua Direita de Natividade. Ao lado o jegue tomando sua ração.

leiras, com lugar de sobra para colocar minha bagagem; mesa com quadros de santos e fotografias de família, nas paredes cartazes de Juscelino Kubitschek e um relógio muito antigo que registra os meses e os dias da semana. Assim que me instalei na pensão, tratei de dar umas voltas pela cidade, no que fui acompanhado pelo guarda-campo, sr. Lindolfo. O povo de Natividade é muito bom e hospitaleiro e dele só tenho recebido manifestações de simpatia e acolhimento. Logo que cheguei fui procurado pelo moço Jaime Camelo Rocha, secretário da Prefeitura e que eu já conhecia por correspondência. Há na cidade vielas antiquíssimas, e duas igrejas do tempo do ouro: a de S. Benedito, na Praça S. Benedito, e a do Rosário dos Pretos, ambas em ruínas; padre Lazinho tenciona recuperar a segunda, fazendo dela uma espécie de centro recreativo para associações católicas. As casas são todas unidas e nelas usam com frequência o "cachorro", dispositivo que tem a finalidade de avançar mais as telhas. Todos os quintais da cidade são murados e cobertos com telhas e as ruas têm os seguintes nomes: Rua Modestina, a da pensão de dona Isidoria, Praça Leopoldo de Bulhões, a da Prefeitura e cadeia; Rua da

Natividade. Igreja de São Benedito na rua do mesmo nome. Supõe-se que Gardner, em 1840, já a encontrou neste estado.

Natividade. Vista do mercado e agência postal, na Praça da Bandeira.

Natividade. Gado descançando à sombra perto da ponte que vai para Almas.

Matriz, a de baixo, que vai para a igreja; Rua da Contagem, na saída para Bonfim, Palma, Peixe e Conceição; Rua Formosa, paralela à Rua Modestina; Rua do Telégrafo e Mercado; Rua Direita, a mais comprida, na chegada do Aeroporto; Rua Nova, a que desce, onde estão construindo o Grupo Escolar novo; Rua São Benedito; Rua dos Cruzeiros; Rua União, é um pedaço de rua que vai à Matriz. Atualmente, os nomes das ruas estão mudados: por exemplo, a Rua Rafael Xavier é a antiga rua da Contagem; a Praça da Bandeira é a antiga Praça do Pelourinho, onde estão o Telégrafo e o Mercado; a Rua Presidente Alves de Castro é a antiga rua Direita; a Rua Formosa é a antiga Rua dos Fuzis. Descendo pela rua Nova, fui ver uma antiga ponte na saída de Almas. Travo conhecimento com pessoas antigas do lugar, com o major Júlio Nunes da Silva, que foi deputado de 1910 a 1912, na época dos Caiados, e foi prefeito em 1947.

Entre as pessoas ilustres da cidade figura o cel. Deocleciano Nunes da Silva, ex-vice-presidente do estado, ex-deputado e ex-senador. O atual prefeito é o sr. Adail Viana Santana, homem de cor e possuidor de grande fazenda. Contam-se na cidade fatos da passagem dos revoltosos em outubro de 1925, quando quase toda a população fugiu da cidade. Aqui praticaram os mesmos excessos que praticaram nas fazendas do município de Jataí. Os revoltosos levaram daqui muito ouro, jóias antiquíssimas, abateram gado sem a mínima necessidade e levaram toda a tropa que conseguiram juntar. A esse respeito contou-me a senhora do major Júlio que, estando em sua fazenda, recebeu um recado que fugisse para a outra fazenda, que os revoltosos iriam passar por lá; ela e o marido se transferiram com tropas para a outra fazenda, mas tiveram a surpresa de lá já encontrar as tropas revoltosas acampadas; felizmente, disse-me ela, foram dignamente tratados pelo major Juarez Távora e outros.

Aqui já existiu uma Escola Superior de Latim, cuja finalidade era preparar noviços para o Seminário Maior de Mariana; há, também, uma casa antiga de fundição. A cadeia é muito antiga e já foi remodelada pelo major Júlio. Quando os revoltosos aqui passaram, Siqueira Campos queria atear fogo à cadeia, que era uma verdadei-

Natividade. A igreja Rosário dos Pretos, que os escravos planejaram construir sem o auxílio dos brancos, e no mesmo estado em que foi encontrada pelos botânicos Pohl, Gardner e Burchell.

Natividade. Costume pitoresco de abastecimento de água.

ra calamidade, uma masmorra. Não havia entrada de sol, sendo as paredes revestidas de tábuas e sob o piso jogavam sal para refrigerar o ambiente. Um encarcerado na cadeia de Natividade suportava no máximo cinco meses de reclusão, contando-se que um "falso padre" lá morreu por causa do ambiente. Os antigos sabem de outros casos tenebrosos a respeito da cadeia de Natividade. A população tem sotaque nortista, sendo todos bem morenos. Há, no lugar, um mercado bem apresentável e agência dos Correios e Telégrafos; na ocasião não pude expedir um telegrama porque o telegrafista tinha ido para Goiânia se tratar. Natividade quase não tem poços para abastecimento de água, sendo esta apanhada no córrego próximo, e que se chama "praia". Entre os costumes típicos e mais pitorescos que registrei no lugar e que tive sempre como grande atração para os olhos, posso afirmar que é a maneira da população se abastecer de água. A água é trazida do córrego em latas e potes, na cabeça das mulheres, e em pipotes (encarotes), no lombo dos jegues. Essa lida diária varia das 7 horas às 9 e das 15 às 17 horas e por diversas vezes tive a oportunidade de apreciar o vaivém das mulheres, crianças e homens no cotidiano labor de carregar o precioso líquido com os recursos da região.

❧ DIA 21 DE JULHO

Pela manhã saio em excursão com Lindolfo (guarda-campo) e seus dois filhos, Agamenon e Albatenio. Meu objetivo é conhecer aspectos da Serra de Natividade e explorar a sua flora. A estrada vai acompanhando o pequeno córrego, até num ponto onde foi construída uma usina, aproveitando a queda d'água que cai da serra. Ao observar as encostas da serra, de longe notam-se duas marcas horizontais, resultantes do entulho originado pela grande escavação de cascalho, que os escravos fizeram no tempo do ouro. Aliás, esses vestígios de escavações se notam em toda a Serra de Natividade, numa extensão de quatro léguas ou mais. As marcas horizontais são os restos dos aterros que faziam os escravos para correr água. Na encosta em que iniciamos a subida, encontrei os restos de uma casa de garimpeiro, toda de pedras, para evitar o ataque dos índios tapuias no século

Serra de Natividade. Ruínas de uma casa de garimpeiro própria para a defesa contra o ataque dos índios tapuias.

Serra de Natividade. Outro aspecto da casa de pedra, aparecendo na fotografia Mena e Nêne, filhos de Lindolfo.

XVIII; essas casas eram cobertas de palha e por cima uma camada de barro, à prova de incêndio. A serra, no local em que foi escalada, não é muito alta e a subida é mais ou menos suave. Logo no lugar onde subimos encontrei a árvore *Wunderlichia mirabilis* Riedel, que é tão comum na Serra Dourada. Geologicamente, o terreno é semelhante aos Pirineus e Serra Dourada, e a flora tem muitas espécies comuns. Caminhando pelo dorso da montanha, atingimos um regato, onde reconheci uma árvore, *Gilibertia cuneata* Eichl. e que, em Jataí, denominam "pau-de-colher": essa árvore tem a casca esbranquiçada. A Serra de Natividade, na parte em que percorri, tem no seu dorso uma extensa depressão, com vegetação de cerrados ralos, várzeas com buritizais e campos de *Vellozia*. Subindo por um pequeno vale chegamos no ponto mais elevado desta parte da serra, onde foi construída uma lagoa artificial. Foi feita no século XVIII pelos escravos, que ergueram uma muralha de pedras para armazenar água. A finalidade desta represa era fornecer água para os aterros onde lavavam o cascalho. Na ocasião em que a visitei, estava com pouca água, mas

Serra de Natividade. Lagoa no alto da serra construída pelos escravos, para acúmulo de água que corria para os aterros e que servia para lavar o cascalho aurífero. Gardner visitou esta lagoa em 1840.

constitui ótima aguada para o gado solto nas imediações. No município há muitas fazendas de criação de gado; as pastagens são boas, e dizem aqui que o "capim-jaraguá" é nativo; ouço apenas esta afirmação porque sei que esse capim foi introduzido da África tropical e aqui é apenas naturalizado. Sendo estação seca, o número de espécies vegetais em flor é reduzido, dificultando a identificação das plantas que encontrei na Serra da Natividade, sendo interessantes na encosta duas espécies de Bromeliaceae em pequenas associações, sendo uma delas *Ananas ananassoides* L.B.Smith e outra que tem o nome de "croatá" – *Dyckia* sp. Não conhecemos esta última, sendo que para o estado de Goiás são citadas algumas espécies como *Dyckia racemosa* Baker, *D. uleana* Mez, *D. eminens* Mez, *D. tenuis* Mez, *D. horridula* Mez, *D. burchellii* Baker e *D. weddelliana* Baker. Entre outras espécies encontradas na serra registramos: *Harpalyce macedoi* Cowan, espécie endêmica, ao que parece, e que aqui não passa de um arbusto fino; *Mimosa nitens* Benth., característica das serras de Goiás; *Simaba cedron* Planch, "calunga da grande"; *Ruellia hirsuta* Nees; *Marcgra-*

Serra de Natividade. Moitas de "croatá" – *Dyckia* sp.

via umbellata L., também das serras; "feijão- come-calado", *Phaseolus firmulus* Mart.; *Calea elongata* Baker; *Lippia herbacea* Mart.; *Mimosa setosissima* Taub. Depois de conhecer a lagoa artificial da serra, segui com meus companheiros de excursão vale abaixo e, cortando uma pequena lombada, entrei numa vereda (que nós chamamos de várzea), penetrando numa pequena mata de brejo onde se encontra a "pindaíba", o "mangue" (*Calophyllum brasiliense* Camb.), cujo nome na região é "landi". Há muitos buritis cujos frutos têm grande procura na região; usam a polpa no açúcar, farinha e leite ou então na forma de doces e rapadura (aqui denominam tijolo). Vi na Serra de Natividade a "buritirana", *Mauritiella aculeata* (Kunth.) Burret, que já conhecia da Serra Dourada. No Norte é muito usado o "leite da buritirana", que é preparado do seguinte modo: escaldam-se os cocos, deixando de molho durante 6 horas numa água morna; quando amolecem as escamas, faz-se um caldo, que pode ser tomado, bebido ou misturado com farinha e açúcar. Por estar muito cansado, deixei de ir aos pontos mais elevados da serra que são de difícil acesso, sendo a vegetação característica a "canela-de-ema". Regressei com meus

"Buritirana", *Mauritiella aculeata* (Kunth.) Burret, na Serra de Natividade.

companheiros à cidade, onde aproveitei o resto da tarde para colocar em ordem o material colecionado durante a excursão. Nas caminhadas que fiz do aeroporto à cidade e à Serra de Natividade pude chegar à seguinte conclusão: em Natividade não vi a árvore chamada "badoqueiro".

✤ DIA 22 DE JULHO
Realizo alguns passeios pelos arredores da cidade, onde fico conhecendo o sáurio "camaleão", que tem uns 80 cm de comprimento; tem o dorso serrilhado e uma "barbela" e seu aspecto amedronta um ser humano. Vou à Estação de Monta do Ministério da Agricultura, mas lá não tem funcionário. Faço explorações botânicas nas imediações da serra e chego até à chácara do Quintino, que é bem pitoresca, toda cercada de muro, na frente; nas suas imediações encontro os alicerces da antiga Escola de Latim. Volto à cidade e vou ver o pessoal carregar água do córrego. O córrego que serve de água a cidade chama-se "praia" e há denominação para os diversos pontos: Moinho é onde está montada a usina; Poções, onde

tomo banho; Contagem é um regato, atualmente seco, que deságua no Praia; Olho-d'água, onde há uma caixa de pedra muito antiga e com água tépida; Beco, onde se apanha água para o consumo da população; Chácara, onde os homens tomam banho; Praia do meio, onde as mulheres lavam roupa; Recanto, onde as mulheres tomam banho; Urubu, onde todo o mundo apanha água para plantas; Praia da ponte, na chegada de Almas. A carne que se consome no lugar é saborosa e por aqui ainda se encontra o gado "curraleiro" puro. Na estação seca o gado é levado para os "gerais", onde há "veredas", nome dado às pastagens de orla de brejo e que no Triângulo Mineiro chamamos de várzea.

Dizem que nos "gerais" há dois inconvenientes: existem onças que pegam o gado e, além disso, há ervas que matam o gado envenenado; não pude ver esta erva, mas creio tratar-se de "erva-de-rato", *Palicourea marcgravii* St. Hil. O gado "curraleiro" mais apurado é pequeno de corpos, mas tem o pelo meio cinza, muito bonito.

Natividade. Curraleiras pastando na planície. Ao fundo vê-se um começo da Serra de Natividade. Aqui, os postes de cerca são bem próximos uns dos outros.

DIA 23 DE JULHO

Vou, acompanhado de Agamenon e seu irmãozinho, fazer uma excursão pelas bandas do campo de aviação, procurando fazer, de um modo geral, o levantamento das espécies mais frequentes, citando também aquelas que eram completamente desconhecidas. As árvores mais comuns dos cerrados de Natividade são "casco-d'anta", *Emmetum nitens* (Benth.) Miers, e que no Sul se chama "sobro"; "farinha-seca", *Hirtella glandulosa* Spreng.; "cega-machado" (mesmo nome do rio Maranhão), *Physocalymma scaberrima* Pohl, e que atualmente também chamam de "bombril", porque as folhas servem para limpar panelas; "araçá-preto", *Myrcia* sp. Das outras árvores do cerrado temos: "marinheiro" (pau-pombo para nós), *Tapirira guianensis* Aubl.; "folha-de-carne" (erva-de-lagarto), *Casearia sylvestris* Sw.; "pau-d'arco"(ipê), *Tecoma impetiginosa* Mart.; "louro", *Cordia glabrata* (Mart.) A.DC.; "oiti", *Couepia grandiflora* (Mart. & Zucc.) Benth., que no sudoeste goiano chama-se "cedro-do-campo"; "vinhático", *Plathymenia reticulata* Benth.; "angico", *Piptadenia peregrina* (L.) Benth.; "sucupira-preta", *Bowdichia virgilioides* Kunth.; "açoita-cavalo", *Luehea paniculata* Mart.; "paraíba", *Simaruba versicolor* St. Hil.; "paineira imbiruçu", talvez *Bombax martianum* K.Schum., havendo uma espécie próxima de *Bombax longiflorum* (Mart. & Zucc.) K.Schum., *Aspidosperma* sp.; "puçá", *Mouriria pusa* Gardn.; "sassafrás", *Ocotea* sp., e outras menos frequentes. Na excursão de hoje deparo-me pela primeira vez com material florido de "calunga" (da pequena), e que já conhecia de Goiatuba (fazenda Cascavel, do finado Mr. Wigan); trata-se de *Simaba suffruticosa* Engl.; percorrendo a pista do aeroporto, encontro numerosas plantinhas interessantes onde reconheço *Calliandra macrocephala* Benth., *Jatropha elliptica* Mart. ("carijó", em Minas), *Oxalis* sp. ("azedinha"), *Ruellia* sp., *Cassia* sp., plantas de *Calea*, de *Vemonia*, de *Spilanthes*, e outras. Encontrei nos baixios uma árvore fina que o Dr. Legrand identificou como *Myrcia eocarpa* Camb.; existe uma "quineira" que encontrei em frutificação e não sei o que é; "lixeira" aqui chamam de "sambaíba", "tinguí" chamam de "timbó". Registro algumas árvores como "jacarandá" (*Machaerium* sp.), "maria-pobre" (*Dilodendron bipinatum* Rdkl.), "pau-terra", "curriola", "capitão", "aroeira", "angico", tamborildo-cerrado etc.

Nos cerrados daqui não vejo "capitão", "chapadinha", *Cardiopetalum* e *Platypodium*. Encontrei poucos exemplares de "guarita" (aqui "gonçalo-alves"), "quatambu" (aqui "pau-pereira"), "pimenta-de-macaco" (aqui "pijerecum"), "pau-bosta" ou "urina-choca" (aqui chamado "tatarama" e usado como casca boa para o estômago); esta é *Sclerolobium aureum* Benth. Também não encontrei nesta região a nossa "aroeirinha", *Lithraea brasiliensis* March.; um arbusto muito encontradiço em Natividade é o "miroró", *Bauhinia macrostachya* Benth., sendo este o grande e havendo também o pequeno. Na volta para Natividade ainda encontrei um arbusto semiescandente: *Saldanhaea lateriflora* (Mart.) Bur. No mesmo dia ainda percorri, com Jaime Camelo Rocha, as encostas da Serra da Natividade, chegando até o ponto onde se acha instalada a turbina. Na encosta da serra parece endêmica a *Mimosa nitens* Taub. e *Harpalyce macedoi* Cowan. Foi neste passeio às encostas que encontrei interessante árvore das Myrtaceae aqui denominada "araçá" e que no sudoeste é "pau-roxo"; dela mandei amostra ao Dr. Diego Legrand e ele achou ser uma nova espécie afim de *Myrcia crassicaule* e *M. vestita*. Encontrei poucas gramíneas na ocasião, em virtude do tempo seco, mas as espécies colecionadas são interessantíssimas, como *Pennisetum* sp., talvez introduzida da África no século XVIII, *Arundinella berteroniana* (Schult.) Hitch et Chase e *Paspalum* nov. sp., talvez afim de *P. flaccidum* Nees. Ocupei a tarde desse dia para colocar em ordem e etiquetar minhas plantas e, em seguida, fui me banhar em "Poções", pois fiquei constrangido de tomar banho na "Chácara" (banheiro dos homens), onde

Natividade. Chácara do Quintino. Na frente, o muro de adobos.

teria que ficar nu junto aos outros homens, sendo que as mulheres passam ao lado para ir ao "Beco" e a minha pele, apesar de morena, destaca-se da dos habitantes, que é bem escura.

DIA 24 DE JULHO – DOMINGO

Fenômeno interessante deve ser registrado aqui em Natividade. Em quase todas as noites que aqui passei, mais ou menos às 22 horas, dá uma ventania que sugere uma aproximação de chuva; disseram-me ser comum e talvez deve ser motivada pela serra. Durante a noite o clima é agradável. Como me acho meio estropiado pelas caminhadas dos dias anteriores resolvo ficar hoje aqui mesmo por perto e pela manhã fui fazer passeio à "Praia" (nome do córrego) e ver a romaria de moças, velhas, crianças, bobos (!?) com latas e potes na cabeça, buscando água para limpeza e alimentação. É um espetáculo que muito me agrada ver e que faz parte obrigatória da vida da cidade. As pessoas mais abastadas dispõem para este serviço de um empregado, menino ou homem, e de um jegue. O arreio do jegue tem quatro ganchos de cada lado, dois superiores e dois inferiores, e neles são

Natividade. Dois companheiros inseparáveis; o menino feliz segura a corda, e o jegue conformado aguenta os encarotes.

presas as alças dos encarotes ou barris (no Maranhão chamam de ancoreta). O jegue carrega os barris até o "beco", onde são enchidos pelo empregado, que coloca primeiro uma alça no gancho e depois a outra; alguns jegues só levam dois barris de cada vez. Para ir buscar água no "Beco" tem que passar perto do poço dos homens. Os homens tomam banho em público, completamente nus; não há nenhum pudor; as mulheres têm o seu lugar mais reservado em uma volta do córrego, mas mesmo assim pude ver duas vezes mulheres e moças a se banharem completamente nuas na Praia do meio e na Contagem; contudo o fazem de modo reservado e, ao pressentirem a presença do homem, escondem-se em moitas eu envolvem-se em toalhas. Apesar de terem feito más referências da comida de Natividade e do Norte, aqui não achei a comida ruim. Só se come arroz de pilão e farinha bem grossa e dura, chamada farinha-de-peso. A dona da pensão, dona Isidoria, disse-me não conhecer polvilho-azedo e o

Natividade. Alegria no "Beco". Nativitanos felizes deixam-se fotografar para os anais da história. Segurando a corda do jegue vemos o "Jeru" com pinta de sabido.

polvilho-doce aqui se denomina "tapioca". O mercado do lugar funciona pouco, principalmente quando chegam provisões das fazendas que, na maioria das vezes constam de farinha-de-peso, linguiça, carne-seca, rapadura e laranjas. Fazem-se aqui vinho de caju-do-campo, tijolo de buriti, tijolo de laranja, tijolo de banana e tijolo de gengibre (rapadura batida com gengibre). O preço da carne é Cr$ 10,00 o quilo, sem osso e com osso, Cr$ 6,00 o quilo; o toucinho custa Cr$ 20,00 o quilo; laranja e banana custam cinco por um cruzeiro. A mandioca chama-se aipim e o beiju é feito de massa de mandioca e servido no café; é alvíssimo, de bom aspecto, mas não apreciei o seu sabor. Quase não se encontram verduras e batatas, só o tomate. No arroz, juntam açafrão e no feijão é muito frequente adicionar linguiça, pele ou então pedaços de banha de úbere de vaca. É frequente o uso do arroz "sirigado", que no Maranhão chamam de "maria-isabel". Trata-se de arroz cozido com carne-seca. Mungunzá é o milho cozido, misturado com feijão e que no Maranhão dão o nome de "concreto"; dizem que é comida muito ruim. Canjica é milho cozido,

Impressões e Apontamentos de Viagem   129

adoçado e misturado ao leite e coco ralado. Rubacão é o feijão cozido e depois misturado no arroz e carne-seca; chama-se também "arroz-casado". Aqui não há jabuticaba e a fruta que a imita é o puçá, que dá os frutos na madeira, existindo o puçá-preto e puçá-croado. Na cidade não existe, atualmente, nenhum automóvel e somente um caminhão, que no momento está em viagem. O transporte usado é o carro de boi e o jegue. Há no lugar muitos jegues que andam soltos pelas ruas, comendo papel, cascas de frutas e gramas. É um animal extremamente manso e paciente, que presta às cidades do Norte os mais inestimáveis serviços. Tem uma infinidade de nomes: jegue, jumento, jipe, pau-de-lenha, jerico, telegrafista, dogue, polodoro, boca-empoada e muitos outros. Dão à égua o nome de besta ou brivanha. O uso da lenha aqui é bem diferente do Sul, sendo que, aqui, carregam a lenha em jegue e as achas são finas e têm no máximo 80 centímetros de comprimento. A lenha mais comum é de "casco-d'anta" e "farinha-seca", com achas rachadas a facão. Em minha viagem pelo Norte não tive a oportunidade de ver lenha de carvão e nem do tamanho das que usamos no Sul. Tanto o "casco-d'anta" quanto "farinha-seca" dão lenha de madeira vermelha. As árvores que encontro nas margens do Praia são: "jatobá", que chamam "jataí", "almécega da pequena" (*Protium heptaphyllum* (Aubl.) Mach.), "almécega da grande", "mirindiba" (*Buchenavia tomentosa* Eichl.), semelhante no aspecto à nossa "maria-preta", "bacupari" (*Salacia elliptica* (Mart) G.Don), "tarumã" (*Vitex montevidensis* Cham.), "farinha-seca", "oiti", "landi". Planta típica dos córregos de Natividade, semiescandente e ramosa é uma espécie de *Coccoloba*, da família Polygonaceae. Encontrei duas árvores que ainda não conhecia; são frequentes nos baixios, sendo uma delas o "pachaú" (*Triplaris pachau* Mart.) e a outra o "xixá" (*Sterculia chicha* St.Hil.). No almoço de hoje comemos, além de deliciosa feijoada, um prato de "sarapatel", a que no Sul damos o nome de "miúdos". No jantar comemos carne "frescal", que é carne assada. Nos quintais daqui as árvores mais comuns são: bananeiras, mamoeiros, mangueiras e coco-da-praia. As ruas e praças de Natividade e Porto Nacional são arborizadas com mangueiras e com uma árvore pequena e copada chamada "munguba", *Bombax munguba* Mart.

DIA 25 DE JULHO

Inicio os preparativos para minha viagem amanhã, pois há escala nesta cidade somente uma vez por semana e não há outra condução. Próximo à Natividade, numa distância de cinco léguas, há um lugar chamado Bonfim, sendo um local em círculo na mata onde, no dia 15 de agosto, realiza-se uma festa religiosa. Dizem que não há águas no lugar e esta tem que ser carregada de uma distância de uma légua. Distante 25 léguas de Natividade, há uma cidade chamada Dianópolis (antigo São José do Duro), que possui um ginásio das Irmãs Concepcionistas (da Espanha). Dizem que o clima de Dianópolis é ótimo e que a cidade está em franco progresso e distante quarenta léguas de Barreiras, na Bahia. Existe por aqui uma palmeira cam-

Natividade. Moita de *Ananas ananassoides* L. B. Smith.

pestre cujo nome vulgar é "piaçaba" (*Attalea acaulis* Burr.), que tem a inflorescência fosforescente e que com um simples cacho de flores dá para iluminar um quarto; Gardner, em seu livro *Viagens no Interior do Brasil*, faz referência a este fenômeno, que é produzido por um cogumelo chamado *Agarycus*. Chamam aqui de "luz-do-coqueiro". Na pensão onde estou hospedado, também reside o promotor da comarca, sr. Valber Esteves de Souza, que é um pernambucano forte e conhecedor das coisas do Norte; entre as iguarias que citava do Norte, havia uma tal "panelada de bode", que é um prato de carne e miúdos de cabrito. Fala-se muito aqui é num tal "leite de bacaba" ou "vinho de bacaba", que é extraído de uma palmeira chamada "bacaba", *Oenocarpus distichus* Mart., por processo semelhante ao da "buritirana". Da polpa da "bacaba" preparam um líquido amarelo-pardo ou sanguinolento, que é muito apreciado pelos habitantes do Norte; como aqui tudo é comido com farinha encaroçada, o leite de bacaba também o é; acham-no excelente. Dos frutos de "buriti" fazem o seguinte: deixam os frutos em infusão de um dia para o outro e, depois das escamas ficarem moles, raspa-se com uma faca, ficando por baixo uma polpa amarela, que é utilizada no açúcar, leite e farinha. Experimentei um pouco desta comida, achando-a tolerável e um pouco ácida. Desta mesma polpa fazem-se os chamados tijolos de buriti. A fala do povo daqui é cantada e com sotaque nortista, registrando eu algumas expressões muito comuns, como, por exemplo, "a casa é bem ali", "tem não sinhô", "água muita", "dinheiro pouco", "povo muito", são expressões correntes em Natividade; não ouvi a expressão nordestina "tem o que". Outras expressões engraçadas, como as moças falando aos moleques "cala a boca, macho atoa", "dou-te uns bofetes, que tu vira uma carrapeta", "este moleque da peste tá vexado pra mode tumá uns bofetes". Há em Natividade um alto-falante chamado "Voz Educadora de Natividade" que irradia os programas quando há energia elétrica. A renda da Prefeitura é aproximadamente de duzentos mil cruzeiros. Dei hoje uma pequena volta nas imediações do córrego, onde pude ver algumas plantas. "Pipoco" é o nome que dão aqui ao "algodão-de-seda", e também "algodão-bravo"; esta planta é uma Asclepiadaceae, chamada *Calotropis procera* (Ait.) R.Br. "Paulista" é o nome da "buchinha" (*Luffa operculata* Cogn.), "tripa-de-galinha" ou "cabeção" é o nome de uma *Bauhinia* escandente, que tem a rama cheia de gomos ou nós; "pinhão-do-reino" é a *Jatropha gosipifolia* Muell. Arg., "pachaú" é uma árvore dioica, encontrada nos baixios e com cachadas de flores vistosas. Hoje comprei do Feliciano Cardoso Noiva três couros de veado mateiro ao preço de Cr$ 30,00 o quilo, saindo os três por 105 cruzeiros. Pediram-me mil cruzeiros por uma pele de gato (jaguatirica) e por uma pele de onça-pintada pedem 500 cruzeiros. À tarde ainda fui apreciar o vaivém das mulheres, moças, meninos, bobos e jegues, na faina de transportar água do beco, entretenimentos dos melhores que tive em Natividade.

DIA 26 DE JULHO

Hoje é o dia marcado para a minha viagem. Lindolfo, o guarda-campo disse-me que é conveniente ir mais cedo para o aeroporto, porque alguns comandantes da Cruzeiro do Sul são meio "vexados". Em Natividade até hoje ainda apanham ouro após as chuvas e, apesar dos meus esforços e tentativas, não logrei comprar nem uma grama de ouro como *souvenir* e nem tampouco moedas antigas. Disseram-me que as pessoas mais antigas ainda têm muitos objetos de valor bem guardados e que não mostram de medo de vender. D. Isidoria tem um bule e um açucareiro de prata pura e seu genro Constantino tem um candeeiro de metal amarelo muito antigo e bonito. De sábado para domingo houve um sarau, que é animado por uma orquestra que executa músicas bem marcadas pelo bumbo. Aqui dançam marcha, cujo ritmo é o do frevo. O lugar que já teve muitos padres hoje não tem mais, e está subordinado à paróquia de Porto Nacional. Quem mora em Natividade chama-se nativitano e em Porto Nacional, portuense. Aqui só falam Porto, por exemplo. "Vou para Porto". Após comer uma carne frescal com d. Isidoria, faço as minhas despedidas, com promessas de regresso. Hoje é dia do aniversário do Jaime Camelo Rocha e a "Voz de Natividade" está dedicando números de música a ele. Vou a pé para o aeroporto, com o objetivo de concluir o levantamento da flora local. A saída de Natividade provoca-me certa melancolia ao ouvir de longe as músicas que a amplificadora oferece ao Jaime. Senti-me deprimido ao me afastar daquele lugar que outrora teve o seu fastígio. Encontrei no caminho umas associações de arbustos que chamam de "favela" ou "faveira" e uma leguminosa que ainda não conhecia. Faço a anotação do que é mais característico da seguinte maneira:

Cerrados do sopé da Serra de Natividade: "cega-machado", "casco-d'anta", "cajueiro", "marinheiro", "farinha-seca", "laranjeira-brava" (*Antonia ovata*?).

Cerrados de baixio: "farinha-seca", "almécega", "casco-d'anta", "pequizeiro", "puçá", "cajueiro", "louro".

Cerrado de espigão: "capitão", "pereira", "sucupira-preta", "açoita-cavalo", "muliana", "sambaíba", "caraíba", "timbó", "pau-terra-da-folha-miúda", "oiti", "casco-d'anta".

Os mais comuns: "casco-d'anta", "farinha-seca", "marinheiro" e "cega-machado".

O avião chegou no horário e fizemos ótima viagem para Porto Nacional, onde no aeroporto já me aguardava um seminarista, que me informou já ter um quarto reservado no convento para mim. Indo para a cidade, padre Lázaro recebeu-me com a gentileza de sempre. Tive que jantar duas vezes; uma vez com o padre Lazinho e a outra no colégio das Irmãs.

Porto Nacional. Rua da cidade, vendo-se à direita o prédio onde funcionou o Colégio Sagrado Coração de Jesus, das Irmãs Dominicanas.

DIA 27 DE JULHO

Fui pela manhã tomar café no colégio das bondosas Irmãs Dominicanas, que logo após convidaram-me a visitar o jardim outrora tratado por Irmã Imaculada. Fiquei conhecendo algumas das irmãs, como a Irmã Maria Edagonte, que é francesa e está no Brasil desde 1904; Irmã Sofia, que é paulista de São Carlos; Irmã Zoé, goiana de Arraias e que muito conviveu com Irmã Imaculada; Irmã Anita, que é mineira de Uberaba. Às 14 horas fui com as Irmãs Sofia e Zoé visitar o prédio novo do colégio, que já está quase terminado, achando-o majestoso. A área frontal do prédio está murada e toda arborizada. A situação do edifício é ótima e dispõe o mesmo de amplas salas de aulas, refeitórios, sala de comunidade, cozinha, lavanderia e salão de festas. Na parte posterior existe já em funcionamento um poço artesiano para abastecimento d'água. Esta parte é grandemente ornamentada, porque possui alguns exemplares da árvore "badoqueiro". Para andamento das obras possui oficinas de ferraria, serralheria, carpintaria. As celas das irmãs têm os ganchos chumbados na parede para prender as redes, que é o que muito se usa por aqui. Terminada a visita, fui com as irmãs aguardar a chegada dos congressistas que foram ao Congresso Eucarístico do Rio de Janeiro. Chegaram em um avião da FAB e tive a grande satisfação de conhecer Madre Neli, Madre Santa Face e Irmã Alexandrina. As ruas de Porto Nacional, como as de Natividade, são arborizadas com mangueiras e mungubas. Aqui é mais quente do que Natividade e vou esta tarde, com o seminarista José Barros, tomar banho no rio Tocantins, que em certos lugares tem as margens em "perau", quer dizer, não se toma pé na margem.

DIA 28 DE JULHO

Às 9 horas fui em companhia das irmãs, que aproveitaram a vinda de Madre Margarida, diretora de noviças, para fazer um passeio à Chácara do Colégio, distante uns 3 km a montante. No fundo do colégio

Porto Nacional. Vista de uma parte da igreja, cuja fotografia foi prejudicada pelo fato de existir um coreto em frente. A igreja foi iniciada no princípio do século. Ao lado a "mangueira" e mais ao fundo a "munguba".

tomamos um barco a motor e nele subimos até encontrar os terrenos da chácara. Padre Lázaro mandou comigo um dos seminaristas por nome José Barros, que me acompanhou durante este passeio. A chácara dispõe de uma casa regular com modo se armar rede para dormir e o quintal, apesar da terra não ser muito boa, tem algumas árvores frutíferas. Com o propósito de fazer coleções, resolvi voltar a pé com o José Barros; a formação do cerrado no que diz respeito à constituição florística é um pouco diferente do de Natividade. Assim é que tenho a registrar as espécies predominantes: "cajueiro" (*Anacardium curatellifolium* St.Hil.), "cabluna" (*Dalbergia* sp.), "farinha-seca" (*Kielmeyera* sp.), sendo esta nas margens do rio, *Miconia* sp., "pequizeiro", "pau-pereira" (*Aspidosperma* sp.), "jutaí" (*Hymenaea* sp.); a árvore "casco-d'anta" vi muito pouco. Entre as árvores mais ou menos conhecidas da margem do rio cito: *Myrcia hostmanniana* Kiaersk. (espécie de "jambo", denominação do Sul), *Ouratea castaneifolia* (DC.) Engler e uma espécie de *Humiria*. Nas imediações da chácara, colecionei algumas Pteridophyta, como *Dryopteris opposita* (Vahl.) Urb. var. *rivulorum* (Rad.) O. Chr., *Blechnum asplenioides* Sw.,

Porto Nacional. Vista do rio Tocantins.

Aciotis dichotoma (Benth.) Cogn., *Lygodium polymorphum* Kunth e *Alsophila microdonta* Desv.

Andando pelas margens do rio Tocantins, que em alguns lugares são escarpadas, encontrei muitas espécies vegetais interessantes e muitos camaleões. Árvore típica das praias do Tocantins e do Araguaia é a "goiaba" (*Psidium riparium* Mart. ex DC.), que nesta ocasião está completamente florida, e que proporciona belo aspecto a quem viaja em barco ou canoa. Da margem escarpada observa-se o curioso "capim-pendente", que é uma gramínea muito comum em todo o Brasil, cujo nome é *Paspalum conjugatum* Berg. Outra espécie típica das praias é a "macela", *Egletes viscosa* Less., tendo folhas aromáticas. Outras espécies das margens do rio Tocantins, e que pude registrar: *Coutoubea ramosa* Aubl., *Cuphea anagalloidea* St.Hil., *Paspalum orbiculatum* Poir., *Nelsonia brunnelloides* (Lam.) O.Ktze., *Hydrolea spinosa* L., *Terminalia phaeocarpa* Eichl., *Dryopteris angustifolia* (W.) Urb., *Jussiaea densiflora* Micheli., e outras menos comuns. Muito comum também nas margens são uns arbustos enfezados e que denominam "sarau" e "rabo-de-raposa".

Voltando ao convento, fui tomar banho no rio e depois fui conhecer algumas ruas da cidade. Quase todas as casas do lugar são construídas de adobe e achei curioso guardarem os adobes dentro das próprias casas com paredes ainda a construir. A cidade dispõe de um bom aeroporto, com estação de rádio, sendo que, além da FAB, três companhias de aviação fazem escalas aqui. Possui um mercado e, comercialmente falando, os costumes e usos são os mesmos de Natividade, achando eu a criação de gado em Porto Nacional mais adiantada. Há nas margens do rio Tocantins umas instalações e disseram-me que pertencem a Superintendência da Valorização da Amazônia, cujas finalidades entre outras é a navegabilidade do rio Tocantins. O Convento onde me acho hospedado é espaçoso, mas atualmente está em reformas. Acho-me instalado em um quarto de seminaristas, bem espaçoso, dispondo de uma boa mesa para trabalhar.

❧ DIA 29 DE JULHO

Adquiri uma irritação na mucosa bucal e disse-me um farmacêutico que as pessoas do Sul que aqui vêm frequentemente sofrem esta espécie de "escorbuto". Resolvi passar o dia em casa a secar e rotular plantas, trabalho esse exaustivo para uma só pessoa executar; felizmente contei com o auxílio dos seminaristas José Barros, Couto e Rui, que mui gentilmente se dedicaram à tarefa de secar papéis. Tenho diariamente tomado as refeições no colégio das Irmãs, que diariamente me cumulam de gentilezas. Como são bondosas essas Irmãs Dominicanas de Porto Nacional. Travo conhecimento com o agente da Aerovias Brasil, que é o sr. Florêncio Aires, moço bom e prestativo. Leciona Latim no ginásio Estadual e mostra-se grandemente interessado por Ciências Naturais, possuindo um dos volumes do *Dicionário de Plantas Úteis,* de Pio Correia. Com ele tenho passado alguns momentos conversando quase sempre sobre plantas. Os habitantes do lugar apresentam hábitos hospitaleiros e de um modo geral apreciam os estudos. Há poucos analfabetos na cidade. Em minhas refeições no colégio quase sempre tenho companhia; quando não é com uma tripulação da Cruzeiro, é com oficiais da FAB, sendo que estes sempre tomam refeições aqui. Jantei hoje em companhia do major Hugo Delayti e outro cujo nome não guardei; conversam com discrição e são sempre atenciosos. No prédio novo que as Irmãs construíram, fizeram ao lado uma pequena casa, com a finalidade exclusiva de hospedar as tripulações do Correio Aéreo Nacional, que aqui faz escala.

❧ DIA 30 DE JULHO

Não passei bem da acidez e limito-me a ficar no Convento, preparando plantas ou conversando com o padre Lazinho e com os seminaristas. Fico conhecendo o proprietário da Drogaria São Felix, sr. Danton Acácio Brito, que é um nortista de Marabá, que aqui reside há vinte anos. O sr. Danton tem conversa muito agradável, interessando-se por plantas e coisas de fazenda, sendo proprietário de uma chácara e fazenda. Com ele combinei uma ida a sua chácara do outro lado do Tocantins, a montante. Faço uma visita à Prefeitura Municipal, tendo o prazer de conhecer o prefeito Dr. Severino Macedo, que é natural daqui, mas residiu até o ano passado em São Paulo. Tratou-me com distinção colocando à minha disposição tudo o que estivesse ao alcance da Prefeitura. Hoje fiquei conhecendo o brigadeiro Cabral, chefe da Zona Aérea de Belém. Tem agradável palestra e é mineiro de Divinópolis. Vai para o Rio de Janeiro e em sua companhia viajam o seu ajudante de ordens, capitão José Roberto, e um americano negociante de madeiras com sua filha. Porto Nacional tem um clube fundado pelo padre Rui e que se destina à mocidade católica do lugar; dispõe de mesas para pingue-pongue, damas e de biblioteca. Conta com uma eletrola com discoteca selecionada. Faço ligeiro passeio pelas imediações do aeroporto local, para ver os campos e cerrados. Aqui há um arbusto típico que é uma *Miconia* sp. e outro tipicamente do Norte, que é *Vismia*, afim de *V.magnoliaefolia* Cham. e Schl. Não consegui fazer o que muito desejava, isto é, o levantamento das gramíneas, só o conseguindo *grosso modo*, registrando os gêneros mais frequentes, a saber: *Paspalum, Axonopus, Andropogon, Aristida, Panicum, Digitaria, Pennisetum,* entre os quais se associam também grande número de Ciperáceas. Aqui também encontrei, perto do aeroporto, algumas moitas de "faveira", que havia colecionado em Natividade. O "badoqueiro" é uma bonita árvore aqui do Norte, cujo atrativo principal são as flores pendentes, "em bolas", e por isso chamado em Carolina de "fava-de-bolota". As flores minúsculas estão reunidas em esponjas esféricas de 6 cm de diâmetro, mais ou menos.

Têm a cor vermelha e são bastante decorativas. Aqui também tem alto-falante e as músicas são quase as mesmas que se ouvem aqui no Norte, podendo eu fazer a seguinte observação: o que se ouve aqui, ouve-se também em Belém.

DIA 31 DE JULHO

Às nove e trinta horas, fui de canoa fazer uma excursão à chácara do sr. Danton Acácio Brito, que também foi comigo. Subindo o rio, pude apreciar os pontos de banho dos habitantes, que são separados em dois grupos: para homens e para mulheres. E como são bons nadadores os portuenses! Foi nesta ocasião que ouvi de uma menina a expressão: "sai do poço das mulheres, macho atoa". Isso porque uns pequerruchos foram nadando para o lugar destinado às mulheres com atitudes buliçosas para com as meninas. Disseram-me que, noutros tempos, era muito comum o banho sem traje mesmo em mulheres e moças. Atualmente está um lugar mais civilizado, influência do colégio, mas, mesmo assim, ainda observei mulheres e rapazes nus. Coisa que vi com frequência nas paredes rochosas do rio

Porto Nacional. Vista do rio Tocantins.

Porto Nacional. Grupo de palmeiras "tucum", *Astrocaryum* sp., às margens do rio Tocantins. Ao lado o "cega-machado".

Tocantins foi o "camaleão", dizendo-me uma das irmãs que esses sáurios invadem suas plantações devorando as hortaliças. Atravessando e subindo um pouco o rio, atingimos os terrenos pertencentes à chácara do sr. Danton. Aproveitei a oportunidade para fazer um levantamento das plantas de aluvião. Entre elas *Ruellia paniculata* L., já assinalada no rio Maranhão; um arbusto comumente chamado "calumbi", *Mimosa pigra* L.; dizem que é uma planta medicinal, mas não fiquei sabendo quais as partes usadas. Aqui também encontrei a árvore típica das praias, "goiaba", *Psidium riparium* Mart. As margens do rio estão atualmente cobertas em grande parte de plantas ruderais ou invasoras, principalmente nos terrenos que já foram cultivados, pois é hábito na região as populações ribeirinhas se dedicarem às culturas de "vazante". Quando as águas do rio baixam, o solo úmido e limoso é aproveitado para o cultivo de feijões, fumo, melancia, melão, abóbora etc. É muito comum uma Convolvulaceae ruderal, cujo nome é *Maripa tenuis* Ducke. Além destas, encontramos ainda *Hygrophila glandulifera* Nees, *Merremia dissecta* (Jacq.)

Porto Nacional. Vista do rio Tocantins.

Hall. var. *edentata* (Meissn.) O'Donnell., *Elytraria squamosa* (Jacq.) Lind. Aqui em Porto Nacional é muito comum uma leguminosa volúvel chamada "cauí", cujos frutos são revestidos de bastos pelos eriçados, e que de vez em quando os rapazes jogam nos salões de bailes. Estas cerdas produzem na pele grande irritação e são semelhantes às encontradas em algumas espécies de *Banisteria,* da família Malpighiaceae, e em *Mucuna urens,* das Leguminosas. A chácara do sr. Danton é bem plantada, não obedecendo ordem nem distância entre as árvores. Produz ótimas limas (branca e rosa), laranjas e cajus. O caju desta chácara é enorme e nunca vi de igual tamanho no Sul. Por aqui existem umas palmeiras cultivadas; uma delas é muito parecida com a "macaúba" do Sul e se chama "pupunha", *Guilielma* sp.; a outra muito se assemelha ao nosso "bacuri", mas o seu nome é "inajá", *Maximiliana inaja* Spr., talvez. Existem na chácara outras árvores, como jaqueiras, fruta-pão, carambolas, cacaueiros. Após almoço na chácara, fui com meus companheiros José Barros e Rui Cavalcante fazer coleções nos arredores e pude observar que as árvores são as mesmas já assinaladas, como "cega-machado", "lixeira", "pau-d'arco", encontrando-se nas baixadas uma palmeira característica, cujo nome é "tucum" e muito armada de espinhos. Das plantas observadas existe uma Labiatae chamada "melosa", que é considerada medicinal. Encontrei aqui uma planta muito comum nas matas do Sul; trata-se de *Combretum fruticosum* Loefl. Interessante árvore de pequeno porte foi encontrada, não sabemos ao certo se é *Mabea taquari* Aubl. Nas margens do rio fiquei conhecendo uma urtiga, aqui denominada cansanção". Das outras plantas encontradas pude ainda registrar: *Jussiaea decurrens* (Walt.) DC., *Sternodia durantifolia* Sw., *Homalium racoubea* Sw, *Cienfugosia phlomifolia* Gardn., *Euphorbia prostrata* Hit., *Combretum laxum* Jacq., *Mercadonia dianthera* (Sw.) Penn. Por aqui encontrei uma parasita diferente, cujo nome é *Psittacanthus bicalyculatus* Mart. Aproveito a ocasião para tomar um banho nas águas do Tocantins, juntamente com meus companheiros, voltando à tarde para a cidade. À noite, fui fazer uma visita ao diretor do Posto Agro-Pecuário, que me fez convite para fazer estadia de uns oito dias no posto, que fica à distância de oito léguas.

DIA 1º DE AGOSTO

Ainda não melhorei. Passo o dia a chá com bolachas, valendo-me da bondade das Irmãs Dominicanas. Às 14 horas vou nadar e caçar camaleões com Rui, José Barros e Couto. Encontrei uma árvore semelhante ao que nós denominamos "vidro", mas trata-se de outro gênero que ainda não vi no Sul e possivelmente é *Homalium* cfr.*guianense* (Aubl.) Warb. Uma planta em associação em solo de aluvião é *Jussiaea densiflora* Mich. e outra chamada vulgarmente "pimenta-de-macaco", *Piper tuberculatum* Jacq. À noite vou visitar Florêncio Aires. Hoje fiquei conhecendo o padre Rui, que é muito gentil e organizador, tendo ele fundado um clube para a mocidade católica do lugar.

DIA 2 DE AGOSTO

Pelo fato de estar meio adoentado, deixei de fazer excursões, ficando em parte prejudicado o meu estudo das plantas. Pela manhã vou ao colégio tomar café. As Irmãs estão bastante atarefadas com uma reunião de prefeitos a ter início amanhã. Vou à agência da Cruzeiro do Sul, onde converso com o agente Sebastião e indago de preços de passagens. Em seguida vou conversar com Florêncio Aires. Vou ao hospital onde Irmã Adelaide atenciosamente fornece-me remédios para minha boca. Estou preparando minha viagem.

Decidi chegar até Belém e pretendo deixar parte da minha bagagem aqui, levando comigo somente o necessário. Meu programa atual é visitar Belém, Carolina, Marabá e Conceição do Araguaia. A cidade está bastante movimentada com os preparativos para a Reunião de Prefeitos do Norte. À noite vou ao colégio e Irmã Zoé convida-me a tomar parte de uma "rodinha" das irmãs Sebastiana, Maria, Sophia, Hilda, estando a última a costurar uns panos para cenários. Uma das irmãs trouxe um tracajá que pegou no Tocantins. Irmã Maria recomendou-me que, se fosse a Conceição, tivesse bastante cautela com as arraias, que ficam enterradas na lama. Irmã Zoé com muita bondade deu-me dois cartões para as irmãs de Marabá e Conceição do Araguaia, sendo este último do seguinte teor:

Ave Maria! Caríssima Madre Cecília. Estando muito ocupada, nossa Madre Maria incumbiu-me de escrever-lhe este cartãozinho. Tem por fim apresentar-lhe o distinto portador Dr. Amaro Macedo, sobrinho de nossa querida e sempre saudosa I. M. da Imaculada. Ele próprio se recomenda e acho desnecessária qualquer palavra sobre o caro amigo. É naturalista e sua viagem tem por finalidade colecionar e estudar plantas. Aqui, deu-nos o prazer de participar de nossas humildes refeições. Nossas saudades às Irmãs. Sua I. M. Zoé da Eucaristia.

Para as irmãs de Marabá deu-me o seguinte cartão:

Prezada Madre Terezinha. Dr. A. Macedo, sobrinho de nossa inesquecível I. M. da Imaculada, é o portador deste. Empreendeu esta viagem com o fim de colecionar e estudar plantas de nossa região. Ele nos pediu um cartãozinho de apresentação, o que Madre Maria não pôde fazer por estar ocupada. Entretanto, como é um membro de nossa própria família, é certo que será bem recebido em qualquer uma de nossas casas. Aqui gostamos muitíssimo do sobrinho e o hospedamos, não bem, mas com muita amizade. Lembranças de todas. I. M. Zoé da Eucaristia. O.P.

Padre Lazinho também deu-me uma carta de apresentação para Conceição do Araguaia nos seguintes termos:

Porto Nacional, 2-8-55. Caríssimo frei Pedro Souza. Laus immaculatore. Pedindo sua benção, transmito meus cumprimentos, Frei Pedro; venho apresentar e recomendar a V. Revma. o professor e naturalista Amaro Macedo que vem estudando a nossa flora. Esteve conosco aqui no Porto e hoje parte para Belém, pretendendo chegar até Conceição. É meu amigo desde uns quatorze anos. É sobrinho da Irmã Imaculada, de saudosa memória. Ele vem de Ituiutaba, onde reside com a família e leciona. Conhecedor de sua bondade, Frei Pedro, sei que tudo fará para auxiliá-lo nas pesquisas de espécimens de nossas plantas. Muito grato, Deus lhe pague e um saudoso abraço do amigo Pe. Lazinho E. M.

❧ DIA 3 DE AGOSTO

O sr. Florêncio Aires avisou-me que o avião da Real estava atrasado e que deveria pernoitar em Porto Nacional. Fui para o aeroporto às 16 horas e pude assistir à chegada do governador de Goiás, Dr. José Ludovico. O agente veio dizer-me que o avião prosseguiria viagem, chegando o mesmo às 16 e 30. Na chegada do avião disse o seguinte à Madre Santa Face: "Madre, aproveitando a confusão do momento, venho despedir-me da senhora"; de fato assim que chegou o governador e sua comitiva, foi um rebuliço no aeroporto e para fugir dele tratei de me instalar no avião. Com uma ligeira parada em Pedro Afonso, seguimos viagem para Carolina e tive ocasião de observar como é grande e deserto o Brasil. Sobrevoamos o rio do Sono, onde há um aldeamento dos índios Xerentes. Pensei que fôssemos pernoitar em Carolina, mas às 19 e 30 decolamos desta cidade e chegamos a Belém às 21 e 40 e debaixo de um grande chuvisqueiro, o que foi para mim uma grande novidade. Com certa dificuldade consegui um quarto no Hotel América. A primeira impressão que se tem de Belém não é boa, mas aos poucos vai-se acostumando. No quarto do hotel estendo a minha rede e o calor aqui faz com que a roupa pregue no corpo.

❦ DIA 4 DE AGOSTO

Hoje George A. Black, meu colega de Botânica, vem me buscar, conduzindo-me com minha bagagem para a república do Instituto Agronômico. Andando pelas ruas de Belém, sou chamado por uma pessoa, que reconheço ser meu velho amigo Dr. José Cândido Melo Carvalho, que fica espantado de me ver em Belém. Disse-me

Belém. Vista do Porto, tirada do "Ver-o-peso".

Belém. Vista do Instituto Agronômico do Norte.

ser o atual diretor do Museu Goeldi, convidando para fazer uma visita àquela instituição científica. O Museu Emílio Goeldi foi fundado em 1872 e já viveu os seus dias de esplendor; hoje quase em abandono, Dr. José Cândido está tentando aos poucos recuperá-lo, mas aguarda sua nomeação para o cargo de diretor do Museu Nacional. Além de animais, como ariranha, onça, macaco, peixe-boi e tartaruga, vi coisas interessantes e muitas árvores por mim desconhecidas, citando; "bálsamo-do-peru", *Myroxylon pereirae* (L.) Harms; "seringueira-verdadeira", *Hevea brasiliensis* Muell. Arg., que é uma grande árvore; elegante e "linheiro" é o "guajará", *Chrysophyllum excelsum* Hub.; "cedro-branco", *Cedrela huberi* Ducke; "camitiê", *Chrysophyllum caimito* A.DC., este último se parecendo com uma árvore que vi em Goiás, chamada "mangustão"; "sumaumeira", *Ceiba pentandra* Gaertn.; "jutaí-açu", *Hymenaea courbaril* Ducke. Outra árvore bonita e de tronco liso, que se assemelha à nossa "pelada", é o "pau-mulato", *Calycophyllum spruceanum* Benth. Uma grande árvore completamente revestida de plantas epífitas é o *Schizolobium amazonicum* (Hub.) Ducke. Muito curiosas são ainda a "árvore-das-velas",

Parmentiera cereifera Seem., e a "castanha-de-macaco", *Couroupita guianensis* Aubl., com lindas flores vermelhas que nascem do tronco. Assinalei ainda uma árvore ereta, que é *Lucuma pariri* Ducke e *Dimorphandra glabrifolia* Ducke. Indo para o Instituto Agronômico, não pude sair à tarde porque choveu a tarde toda. Contentei-me em fazer com Black uma pequena caminhada pelos arredores, conhecendo muitas plantas interessantes.

❧ DIA 5 DE AGOSTO

Visitei com George Black as principais dependências do Instituto Agronômico, tendo eu o prazer de ficar conhecendo a pessoa de seu diretor interino, Dr. Baleeiro. Dispõe o Instituto de boa biblioteca e sobretudo de uma grande seção de agronomia, onde se encontra um grande herbário, com biblioteca regular e boas instalações para plantas. Na seção de Agrostologia, pude ver interessantes espécies de gramíneas, onde pude anotar algumas mais interessantes: *Axonopus surinamensis* Henr., *Paspalum guaraniticum* Parodi, *Setaria tenax, Trisacum australe,* que dá aparência com o "sapé", porém é

Belém. Plantação de "pimenta-do-reino" no Instituto Agronômico.

Belém. Cultura de "coqueiros" no Instituto Agronômico do Norte.

Belém. Instituto Agronômico. Vista do herbário e seção de agronomia.

maior e com folhas verdes. Um capim todo vermelho é o *Axonopus scoparius* Kuhlm. Outros capins mais comuns existem aqui cultivados: *Pennisetum setosum* Raddi, *Pennisetum purpureum* Schum., que é "capim-elefante", com 2,80 m de altura; o "sempre-verde", *Panicum maximum*, que é o mesmo "capim-colonião"; *Tripsacum paniculatum;* o "capim-gordura", *Melinis minutiflora; Panicum laxum, Paspalum denticulatum, Saccharum spontaneum, Panicum purpurascens,* do tipo do "gordura" porém de porte mais ereto e menos gorduroso. Além de umas amostras de gramíneas, nada pude conseguir hoje, pois a chuva não permitiu.

DIA 6 DE AGOSTO

Tenho passado a maior parte do tempo no herbário do Instituto Agronômico, pois a chuva não tem me dado tempo para sair e explorar os arredores. O herbário, embora pequeno, é dos melho-

Belém. Vista da Basílica de Nazaré.

Belém. "Sumaúma" coberta de epífitas na Praça de Nazaré.

res que tenho visto. As plantas são guardadas em caixas de aço com tampa vertical e muito leves de ser manejadas. Encontrei uma grande parcela de plantas a determinar. Nesses dias tenho melhorado da minha acidez bucal e pude ficar sossegado, mesmo até tarde da noite, a consultar a "Flora Brasiliensis", pois estou alojado bem perto do herbário e à noite George Black deixa a chave comigo. Hoje fui com Black e Gorenz em um jipe fazer uma excursão para ficar conhecendo alguns aspectos da flora e visitar uma mata virgem. Seguimos pela estrada do "Mosqueiro" numa distância de 25 km, mas o violento aguaceiro que desabou quase não nos deixou sair de dentro do jipe. Fiz uma rápida penetração na mata, onde senti um calor úmido, muito intenso e a obscuridade tolheu-me em parte a visão do ambiente; amiúde se afunda em buracos, no meio das folhas podres, e a formiga sempre nos incomoda. Há nesta mata abundância de plantas epífitas, principalmente aráceas, orquídeas, peperômias etc. Vi uma interessante Gentianaceae, saprófita e áfila. Embora seja a região quase na totalidade revestida de majestosas florestas, o solo não é nada bom. Disse-me um professor de solos que a pobreza do terreno é devida às constantes chuvas, que carregam os sais, e a terra vai ficando lixiviada e tornando-se ácida. Ao regressarmos, pudemos constatar a violência do temporal, que nas proximidades de Belém, derrubou uma grande árvore sobre um jipe. Já meio aborrecido com tanta chuva, nada pude fazer, destinando meu tempo a permanecer no herbário, onde pude examinar plantas e consultar livros à vontade.

✤ DIA 7 DE AGOSTO – DOMINGO
Pela manhã aqui o tempo é muito bom e aproveito a oportunidade para ir à cidade. Belém é uma cidade muito antiga e a maioria de suas casas ainda tem as paredes revestidas de azulejo, testemunho da civilização portuguesa do século passado. As ruas são arborizadas com grandes mangueiras. Acho a cidade muito morta. Estou aqui há cinco dias e não vi ainda nem uma revista, nem um jornal do Rio nem de São Paulo. Os ônibus da cidade são na maior parte verdadeiros "calhambeques". Vou até a praia do "Ver-o-peso", onde há diariamente uma feira. Achei a feira muito interessante, não só pelos costumes do povo, mas também pelo número de produtos típicos do Norte. As

Belém. Embarcações na praia de "Ver-o-peso", vendo-se blocos de gelo em um barco.

Impressões e Apontamentos de Viagem ✤ 153

mulheres usam um grande chapéu de palha na cabeça. Além dos "balaios" em formas esquisitas, achei muito curioso um hábito regional de vender plantas ruderais para a medicina caseira. Assim é que registrei varias plantas conhecidas, vendidas na feira às donas de casa: "erva-de-santa-maria", "gervão", "erva-de-são-joão" ou "mentrasto", "erva-cidreira" e outras. Outro costume que achei interessante é o de embrulhar produtos em folhas de uma Canaceae, que aqui denominam "caeté". Vou visitar o colégio das Irmãs Dominicanas, denominado Ginásio Santa Maria de Belém, na rua Mundurucus, em Batista Campos. Embora estivesse fora do expediente de visitas, fui muito bem recebido pela Irmã Ana, filha de Simplício Costa de Conceição, de Araguaia. A Madre Superiora é natural da capital velha de Goiás e, ao saber que sou de Minas, disse-me haver no colégio uma freira de Ituiutaba, e mandou chamá-la incontinente. Minutos depois, se me apresenta uma irmã chamada aqui Irmã Diva Maria e que é minha ex-aluna Zilda, filha do sr. Oscar Teodoro. No momento em que a reconheci, fiquei ligeiramente emocionado pela feliz surpresa de vê-la em Belém. Almoço em um restaurante da cidade. Alimento muito usado em Belém é o açaí, um líquido sanguíneo, extraído dos frutos da palmeira *Euterpe oleracea* Mart. Vi várias vezes homens e mulheres entrando nos bares e tomando açaí em grandes tigelas, juntamente com açúcar e esta péssima farinha do Norte. Outras iguarias que servem aqui são sopa de tartaruga, ovos de tracajá, tacacá e tucupi. Na tarde de hoje desabou forte aguaceiro, como sempre, desde que aqui estou. As pessoas do lugar dizem que a chuva nesta ocasião é normal, mas está um pouco exagerado. É frequente ficar também quinze a vinte dias sem chover. Aproveitei minha ida a Belém para ficar conhecendo a Basílica de Nazaré, que é digna de ser visitada por quem chega até Belém. Sua porta principal é de bronze e suas colunas são de mármore de Carrara. O interior da Basílica é maravilhoso e deslumbrante, havendo nas paredes uma infinidade de inscrições em latim.

Vista do porto de Carolina no rio Tocantins.

Os desenhos são lindos e no coro há um grande órgão. Muito suntuoso é também o Teatro da Paz, mas não pude vê-lo por dentro.

Um dos lugares que deve ser visitado é a praia do Mosqueiro, mas é um pouco distante da cidade, razão pela qual não pude vê-la, mesmo porque no período da tarde a chuva não o permitiu. Depois de passar grande parte do tempo no herbário do Instituto Agronômico, vou arrumar minha mala para viajar amanhã. À noite ainda chove bastante, só cessando a chuva lá pelas 22 h.

DIA 8 DE AGOSTO

Tomei o avião da Real às 5 horas e cheguei a Carolina mais ou menos às 7 e 45. A condução do aeroporto para a cidade é feita em jipes. A cidade é grande, e suas ruas são também arborizadas com mangueiras. O leito das ruas tem espessa camada de areia, não havendo ruas calçadas, razão pela qual ninguém pode se dar ao luxo de ter um carro de classe, só sendo possível o trânsito de caminhões e jipes. O panorama é bonito e, além do Tocantins com seus babaçuais, avista-se ao longe a Serra da Malícia e o Morro do Chapéu. O chofer

Carolina. Rua que desce para o porto.

do jipe, que me conduziu à cidade, indicou-me o Carolina Hotel, que fica bem no centro da cidade. Há um cinema perto do hotel, que não funciona, não sei há quanto tempo. Assim que me instalo no hotel, vou procurar pela pessoa do prefeito, que se acha em Belém. Aproveito o dia para fazer alguns passeios pela cidade e para pôr em ordem o pouco material que consegui colecionar em Belém. Escrevo cartas para minha família e para amigos da Europa e Estados Unidos. No Instituto Agronômico, fiquei sabendo pelo Black que meu amigo correspondente, Dr. Carlos A. O'Donnell, faleceu em fevereiro de 1954, informação esta que muito me acabrunhou por perder a Botânica um dos seus mais dedicados membros. Aqui faz muito calor e pouca gente anda na rua do meio-dia às 13 horas. Vou fazer uma visita ao porto de Carolina, onde encontro alguns barcos atracados. Os produtos mais frequentes do porto são: babaçu, couros de veado, caititu e onça, algum peixe, melancia em quantidade e melão. No tempo da seca, os grandes barcos ficam quase que impossibilitados de navegar nos trechos encachoeirados do rio Tocantins. Há um pequeno barco que faz a travessia de Carolina para Filadélfia e cobra cinco cruzeiros por pessoa. Filadélfia é a cidade que fica na margem oposta do rio Tocantins, sendo o município produtor de coco-de-babaçu.

DIA 9 DE AGOSTO

Faço uma excursão ao ribeirão Lajes, situado a dois quilômetros de Carolina. A vegetação aqui já experimenta os efeitos da seca. Há nos cerrados uma interessante leguminosa, que ainda não consegui identificar; é armada de espinhos e ocupa grandes áreas. As árvores características são "sambaíba", "cajueiro", "pequizeiro", "cega-machado" e outras. Nas imediações do ribeirão pude notar "tucum", "inajá", "agonandra", "gonçalo-alves", *Piptadenia, Terminalia*, "timbó". Nas grotas secas do cerrado aparecem, com frequência, *Philodendron* e *Anthurium*. Poucas espécies puderam ser identificadas, distinguindo-se: *Combretum* crf. *C. fruticosum* Loefl. ("mufumo"), *Caesalpinia pyramidalis, Calyptranthes polyantha* Bg., *Helicteres mollis* K.Schum.,

Carolina. Philodendron típico dos "cerrados".

Carolina. Anthurium sp. do cerrado.

Gadua sp., *Simaba cedron* Planch e *Hirtella ciliata* Mart. & Zucc. O calor tira-me o prazer de observar a natureza e trato imediatamente de voltar à cidade, onde me ponho a secar papéis e rotular plantas. Faço amizade, no hotel, com um casal de estrangeiros, sendo ele David Lewis e ela Pia Lewis, respectivamente inglês e dinamarquesa. O sr. David está trabalhando, temporariamente, no Museu Paulista e tenciona ir com sua mulher para Tocantínia, onde pretende ficar uns seis meses no acampamento dos índios Craós e Xerentes. Este casal que está aqui esperando que passe um avião do CAN tem sido muito gentil e muito contribui para que eu passe as horas menos entediado. A senhora Pia por duas vezes auxiliou-me na secagem de papéis. Fico conhecendo dois estudantes de Pedro Afonso, Fessal Pacheco Bucar e Raimundo N. A. Pacheco; são agradáveis e por duas ou três vezes dei a eles explicações de matemática, pois são alunos da 4ª série ginasial.

DIA 10 DE AGOSTO
Saio cedo para fazer excursão à Filadélfia, que é um lugarejo defronte da cidade de Carolina, com poucas ruas arenosas e com imen-

Cerrados de Filadelfia. O "curraleiro" espera cair a flor do pequizeiro.

sos babaçuais nos arredores. Nos cerrados daqui há grandes áreas ocupadas pela palmeira "piaçaba", *Attalea acaulis* Bur. Outras árvores comuns aqui são: "fava-de-bolota" ou "badoquelro" (*Parkia platycephala* Benth.), "sambaíba", "pequizeiro", "cajueiro", "murici", "puçá", "pimenta-de-macaco", *Hirtella ciliaris* Mart. & Zucc. Nos brejos encontrei *Ocotea, Nectranda, Machaerium*. Poucas plantas consegui identificar, podendo citar *Desmocelis villosa* Naud., *Piper aduncum* L., *Homalium pedicellatum* Benth., *Rapatea pycnocephala* Smb., *Jussiaea brachyphylla* Mich., *Myrcia gardneriana* Bg., *Cassia reticulata* Willd. (esta com o nome vulgar de "maria-mole"), *Alchornea schomburgkii* Klotz., *Myrcia eocarpa* Camb. No brejo coligi interessante Melastomaceae, com bolsas nos pecíolos das folhas, onde se abrigam numerosas formigas. Pensei a princípio que se tratasse de *Tococa formicaria*, mas o Dr. A. C. Brade propôs para esta planta o nome de *Tococa macedoi*, considerando-a nova espécie.

Nas veredas ainda pude assinalar "buriti" e "buritirana". Um dos arbustos mais característicos dos cerrados é *Vismia* aff. *magnoliaefolia* Cham. & Schlech. Voltei para o hotel cansado de andar na areia e

Palmeira "bacaba", *Oenocarpus bacaba*, nas vizinhanças de Carolina.

fui combinar com o fazendeiro sr. Américo uma excursão ao Morro do Chapéu. Descansei o resto do dia.

DIA 11 DE AGOSTO

Vou cedo, a cavalo, fazer uma excursão ao Morro do Chapéu, distante duas léguas de Carolina e na direção nordeste. Durante todo o percurso caminhamos, eu e meu guia, por terras sáfaras na quase totalidade. Não vi, em nenhum sítio, a não ser nas vizinhanças do Morro do Chapéu, qualquer indício de solo apropriado à pratica da agricultura e, a não ser algum pomar e plantações de mandioca, não se vê outra coisa plantada. Os cerrados percorridos são constituídos por vegetação enfezada, onde impera o "cega-machado", que aqui não passa de arbusto, "cajueiro", "pequizeiro", "sambaíba" etc. As gramíneas mais comuns em Carolina são: "capim-agreste", que é o "capim-de-campo", o "lajeado" ou "jaraguá", que é cultivado, "sempre-verde", "mandante" e "bar-

Carolina. Vista do Morro do Chapéu distante duas léguas da cidade.

ba-de-bode", este ultimo de fraco valor agrostológico. A única criação que se vê é o bode e em alguns sítios existem porcos e gado curraleíro. Não se encontra água, a não ser empoçada em algum riacho seco.

Nos cerrados vizinhos ao Morro, encontrei com frequência uma árvore ereta, que reconheci ser uma *Plumeira*, o seu nome vulgar "pau-de-leite". Encontrei também em grande quantidade a *Hirtella ciliaria* Mart. & Zucc. Viajamos até a fazenda do sr. Jerônimo, nas encostas do morro, passando antes por alguns sítios em condições precárias, onde vi mangueiras, limeiras, laranjeiras. Em um desses sítios, estavam alguns homens e mulheres fazendo farinha. A farinha do Norte é grossa e em algumas vezes que dela experimentei tive a desagradável oportunidade de morder em seus caroços duros que quase quebram os dentes de quem não está acostumado. O sr. Jerônimo designou uma pessoa para nos guiar até o ponto onde é melhor a subida do Morro. Ao redor deste, a vegetação é a característica das caatingas, e antes de atingi-lo, a caminhada é penosa, graças à espessa camada de areia que cobre todo o terreno. Uma das plantas dominantes é o "cacto" ou "mandacaru". Entre as árvores diferen-

Aspeto do cerrado em Carolina, vendo-se dois bois curraleiros.

tes registrei as seguintes: "oiti" (*Coupia uiti*), "pau-meirim" (*Humiria floribunda* Mart.), "cachamorra" (*Sclerolobium paniculatum* Vog. var. *subvelutinum* Benth.). Iniciamos a subida do morro ao meio-dia e quinze e logo no princípio começo a sentir palpitações e angústia. As árvores que aqui encontro são *Byrsonima*, "cachamorra", "angelim", "caraíba", "cajueiro", notando-se muitas gramíneas já secas como *Axonopus, Andropogon, Oplismenus, Setaria, Eragrostis* e um *Paspalum stelatum* meio gigante. A escalada do Morro do Chapéu é extremamente penosa e oferece algum perigo para quem se arrisca a tal aventura; a altura determinada por um topógrafo é mais ou menos de 350 m. Nos paredões vou anotando *Dyckia, Anthurium, Cactus* e uma interessante Asclepiadaceae, que talvez seja uma nova espécie. Gastei, eu e meu companheiro de viagem, o tempo de uma hora e quinze minutos para completar a subida, e após atingir a parte ocidental do morro onde foi fincada uma cruz, voltamos atrás verificando que havíamos errado um pouco o lugar certo da subida. A não ser o grande panorama desfrutado do alto, nada mais resultou desta estafante escalada, pois quase todos os vegetais do alto estavam secos. Gastamos meia hora para descer o morro, não sem certa dificuldade. Ficamos bastante extenuados com tamanho esforço e ainda por cima teríamos que percorrer novamente o areião até a fazenda onde foram deixados os animais. Há no lugar grandes "cajueiros", "pequizeiros" e "pau meirinho". O gado que encontrei em Carolina é de má qualidade, mas deve ser o único que resiste ao clima e aos cerrados agressivos. Vi, inúmeras vezes, o gado a comer folhas ressequidas e flores do pequizeiro. Um costume interessante daqui é que todos os roceiros carregam à cinta um facão de ponta reta de 22 polegadas. De Carolina ao Morro do Chapéu só vi terras semiestéreis, pois as próprias plantas que aqui medram atingem pequeno porte. Muitas vacas aqui de Carolina e Filadélfia carregam no pescoço um chocalho e que nos denominamos no Sul de "cincerro". Cheguei bastante cansado na cidade, mesmo assim ainda fui ver uma festa que denominam "bumba-meu-boi", uma espécie de congado, em que se apresentam vários personagens, como: vaqueiros, burrinhas, vigário. Não entendi patavina do "bumba-meu-boi" e o achei monótono.

DIA 12 DE AGOSTO

Hoje estou descansando das fadigas de ontem e ocupo parte do tempo a arrumar minhas coleções. Vou ver o mercado, que é bem espaçoso, e depois vou ao porto onde vi sardinhas, pintados, coco-de-babaçu, couros de bichos e abundância de melancias e melões. A senhora Pia ajuda-me novamente a secar papéis; ela não entende nada de português e para fazê-la entender qualquer coisa é preciso falar algumas palavras em inglês. Passamos a tarde, juntamente com seu marido, a jogar "canastra".

DIA 13 DE AGOSTO

Vou novamente a Filadélfia com a finalidade de ir à lagoa do Jacaré, distante 3 km de Filadélfia. De começo desisti da ideia, por ainda me achar cansado da escalada do Morro do Chapéu, e ter que atravessar uma estrada muito arenosa. A árvore comum do cerrado aqui e o "cega-machado" e dois arbustos são característicos, *Miconia albicans* Triana e *Vismia* aff. *magnoliaefolia* Cham. & Schel. Ainda pude ver "mirindiba", *Buchenavia tomentosa* Eichl. Próximo à margem do rio Tocantins, penetro em uma capoeira e sou apanhado por milhares de carrapatinhos que, apesar de sacudir a roupa, imediatamente, batendo-a com uma varinha, já me incomodam bastante e me obrigam a voltar. Passo por uma lavoura pequena nos terrenos de aluvião do rio e que chamam "vazante", onde há plantação de fumo, feijão, melancia, melão e outros. O plantio é feito em maio, mais ou menos. Uma das plantas ruderais que mais encontrei em Carolina, Filadélfia e depois em Conceição do Araguaia é a *Ipomoea pes-caprae* Sweet, cujo nome vulgar é "pé-de-cabra" ou "salsa-da-praia". Volto bem cansado para Carolina e, após um banho, tomo uma deliciosa cerveja no bar contíguo ao hotel. Tenho estranhado bastante a alimentação do hotel e quase todas as iguarias levam um condimento chamado "coentro" e que para nós do Sul não sabe bem ao paladar.

DIA 14 DE AGOSTO

Estava marcada para hoje a data de meu embarque, mas fui avisado que o avião da Cruzeiro do Sul estava com 24 horas de atraso. Passo parte da manhã perambulando pelo porto e mercado e a tarde jogando canastra com o casal de estrangeiros. Carolina conta com quatro serviços de alto-falante, sendo os principais do Partido Democrata Cristão e do PSD. Nos dias que aqui passei foi assassinado um elemento do PSD, tido como perigoso e que já estava contratado para matar pessoas do partido contrário. Durante todo o dia a rádio do PSD noticiou o crime, com músicas tristes intercaladas e um dos *slogans* mais irradiados era este: "Até quando o prefeito de Carolina continuará cometendo crimes?" Também, frequentemente se anunciava o nome dos assassinos, dando o nome das fazendas onde estavam escondidos. À noite houve reza e leilão, sendo as prendas mais comuns um tal de "mungulão", que é uma espécie de bolo com tamanhos variáveis. Eu e um companheiro de Inhumas, sr. Braum, debalde tentamos arrematar um prato de cajus. É que havia um senhor ricaço do Partido Socialista Brasileiro (PSD) que tomou a si a extravagância e o capricho de tudo arrematar. Havia no leilão até ovos de tracajá. Hoje ainda vejo pelas ruas a cerimônia do "bumba-meu-boi", que usa o seguinte estribilho: "Vamos cevando dois de ouro, dois de ouro vai morrê; adeus, dois de ouro" etc. Está fazendo muito calor e com muito custo consigo conciliar o sono.

❧ DIA 15 DE AGOSTO

Dia do aniversário de minha mãe, a quem já escrevi uma carinhosa cartinha de parabéns. Vou para o aeroporto, onde sou informado de novo atraso do avião. Mesmo assim não volto para a cidade. A casa usada pela Cia. Cruzeiro do Sul já pertenceu a Panair e é multo bem aparelhada, pois Carolina é um aeroporto internacional. Afinal, após

Conceição do Araguaia. Vista da igreja e do convento.

trinta horas de atraso, tomo o avião que demanda Conceição do Araguaia, no estado do Pará, e a 45 minutos de voo. Há uma só pista, construída pela Força Aérea Brasileira (FAB), à custa de muito sacrifício e dinheiro. Salve a FAB! Dispõe o aeroporto de estação de rádio para proteção ao voo. Sigo a pé para o lugarejo em companhia de um amigo, sr. Isaías Ferreira de Miranda, subprefeito de Palmeirante (Goiás). Apresentei-me ao frei Pedro, com a carta de recomendação do padre Lazinho. O dito frei pegou a carta, não a leu e nem me convidou a entrar. Fiquei desiludido da indiferente recepção. Guardo com certa mágoa o modo pouco acolhedor com que frei Pedro me tratou e confesso com tristeza que, estando muito longe de minha terra, não esperava que assim me tratasse uma pessoa de Uberlândia. Em vista da indiferença de um quase conterrâneo, fui me instalar na Pensão Goiana, cujos donos se encontram viajando. Fui atendido por um empregado de nome Jurandir, que disse logo não ter cama. Dispondo da minha rede, fui alojado no quarto da frente, pensando o quanto seria penoso dormir em rede, pois em Belém havia dormido em rede puramente por esporte. Conceição do Araguaia possui as ruas paralelas ao rio, sendo as mesmas arborizadas com mangueiras. Há algumas casas de comércio e muitos botecos. Como todas as cidades do Norte, Conceição do Araguaia também tem o seu mercado, que só vende carne e, algumas vezes, peixe. À noite fui com meu amigo Isaías assistir a missa celebrada pelo bispo. Ao que parece, o partido de maior projeção aqui é a União Democrática Nacional (UDN), mas o Partido Social Progressista (PSP) também conta com muitos eleitores.

❧ DIA 16 DE AGOSTO

Faço excursão pelos arredores do aeroporto, onde encontro vegetação muito diferente da que já conheço. As terras adjacentes à praia são bastante arenosas e as plantas são enfezadas. Encontro, principalmente, um arbusto do gênero *Rourea*, uma *Byrsonima*, uma Sa-

Margens do rio Araguaia em Conceição. Junto ao motor Moacir Costa.

pindaceae e um arbusto chamado "podoinha", que é uma *Copaifera*. Existem muitas bromeliáceas terrestres, que não consigo determinar. Vou até a margem do rio Araguaia, que aqui é muito largo e dispõe de extensas praias. Ao passar pela casa do aeroporto, travo conhecimento com o irmão da Irmã Ana de Belém e que se chama José Moacir Amazonense Costa, moço muito delicado e de boa conversa. Fiquei sabendo estar na presença de um herói, que já salvou 26 pessoas de um naufrágio no rio Araguaia. Ia subindo num motor, juntamente com grande número de pessoas e carregando o seu pequeno casco na proa. O motor (aqui é sinônimo de barco) bateu numa pedra e afundou rapidamente. Moacir com seu pequeno casco salvou 26 pessoas e viu outras tantas perecerem afogadas. Este ato lhe valeu a medalha de ouro "Honra ao Mérito", dado pela Standard Oil of Brazil, em um programa de Paulo Roberto. Moacir se dispôs a me conduzir em seu barco, a fim de que eu realize alguma excursão pelo Araguaia. Ficamos combinados para o dia seguinte. Visito a família de Simplício Costa, pais de Irmã Ana. São muito agradáveis e entretenho com eles animada palestra. Chamam de "penta" aos pequenos barcos com motor de

Conceição do Araguaia. Vista da praia. O moço que está de cócoras é o Ovidio, lá de Buriti Alegre (Goiás).

popa. A carne que é servida na pensão é da pior espécie e, se quis comer um frango, tive que pagar o alto preço de Cr$ 50,00.

DIA 17 DE AGOSTO

Pela manhã, realizo uma excursão pelo rio Araguaia, tendo por guia Moacir Costa. Depois de contornar uma ilha, aportamos em uma praia no lado goiano. Enquanto coleciono material botânico, Moacir fica no barco a pescar pacus. As árvores das margens do Araguaia são bem interessantes e desconhecidas para mim, principalmente as leguminosas. Colhi interessante material de uma árvore semelhante à jabuticabeira e aqui denominada "azedinha". Mandei este material para o Dr. Diego Legrand que o considerou uma nova espécie de *Marliera* (Myrtaceae). Encontrei nas margens uma curiosa planta escandente da família Apocynaceae, pertencente ao gênero *Allamanda*. Crescendo entre as pedras, é muito comum o arbusto chamado "calumbi", *Mimosa pigra* L. Nas margens há uma árvore meio escandente chamada "mamoninha", *Mabea paniculata* Benth. var. *oblongifolia* Muell. Arg.;

Conceição do Araguaia. Solto pelas ruas anda esse filhote de jegue. O menino Raimundo, da Pensão Goiana, faz pose.

falam muito de uma planta medicinal denominada "vereda", que não tive a oportunidade de conhecer. Ainda pude registrar o "saran", "rabo-de-raposa" e *Combretum laxum* Jacq. Desfrutando de magnífica paisagem do rio Araguaia, onde se vê pouco acima o lugarejo denominado Couto Magalhães, regresso a Conceição, muito satisfeito pelo agradável passeio e pelas diferentes espécies observadas.

DIA 18 DE AGOSTO

Fico conhecendo Antonio Lino de Souza, que é de Cristalândia. Muito dado e conhecedor do Norte. Boa praça! Percorro um caminho perpendicular â praia, entrando em contato com um verdadeiro deserto, tal é a camada de areia que cobre todo o solo e onde apesar disso se desenvolvem muitas árvores e plantas de pequeno porte. Após andar uns 2 km vou ter em terras férteis, cobertas de grandes matas. Fiz ligeira penetração na mata onde, além de grandes árvores, muitas delas desconhecidas, existem muitas epífitas e marantáceas. As matas de Conceição do Araguaia pertencem ao estado e qualquer cidadão pode se apossar delas, e fazer roçados onde bem entender. Os roçados daqui são insignificantes e feitos a facão. Geralmente roça-se uma vez e abandona-se o local. Também o produto das lavouras é irrisório; o milho é debulhado no lugar e carregado em sacos, sendo vendido em pratos ou cuias, que equivalem aproximadamente a dois ou três litros. O arroz é colhido a mão, no cacho, e conduzido também em sacos. Por aqui não usam foices para fazer os roçados. Nas matas de Conceição existem muitas essências, como "aroeira", "jatobá", "cedro", "tamboril", "gonçalo-alves", "landi" (mangue), "acapu", "cumaru", "castanheira" e muitas outras. Nas matas é muito frequente uma palmeira semelhante ao "bacuri" e por aqui denominado "inajá-cabeçudo". Encontrei na praia tábuas de cedro de nove metros de comprimento.

DIA 19 DE AGOSTO

Faço coleções nos arredores e pelas praias, onde vejo frequentemente "goiaba", "saran", *Allamanda*, "oiti" e duas espécies de "azedinha". Vi nas margens do Araguaia uma enorme ubá feita de "landi"; dizem que quando entra água vai ao fundo, imediatamente. Os peixes mais comuns do lugar são curimatá, ladina, pacu, bicuda, peixe-voador e tucunaré. O transporte é feito em barcos, que se denominam "motor" e pequenos barcos denominados "penta". O que no Sul chamamos "balsa" ou "gaiola" é aqui chamada "ajoujo". As viagens fluviais são bastante perigosas em virtude das pedras e trechos encachoeirados, principalmente durante o período das secas, em que a carga tem que ser desembarcada várias vezes. Uma expressão muito comum é o fazendeiro dizer que possui tantos gados, por exemplo: cinquenta gados, duzentos gados. Registrei esta expressão em Natividade, Porto Nacional, Morro do Chapéu, Carolina e Conceição do Araguaia. Fico conhecendo dois índios civilizados e que, não fora os traços fisionômicos, não seriam reconhecidos, pois suas indumentárias são idênticas às dos "cristãos". Chamam ao índio de "caboclo" e o índio chama ao branco de "cristão". Por intermédio de Antônio Lino, fico conhecendo o sr. Nilo Coelho dos Santos, que é um moço de grande simpatia e filho do sr. Raimundo Coelho dos Santos, mais conhecido por "Mundico dos Santos". O sr. Mundico é grande fazendeiro da região, sendo possuidor de dois mil gados. O "gado" é de má qualidade e são vendidos com a idade de seis a oito anos. O sr. Mundico dos Santos abateu um boi de seis anos que deu 180 quilos de peso. Assisti a chegada, em canoas e barcos grandes, de abundante carregamento de "castanha-do-pará", que é vendida avulsa a 10 e 15 cruzeiros o quilo. Achei-a inferior àquela que se compra nas mercearias. Está morando aqui um rapaz de Buriti Alegre, por nome Ovídio, e que está fazendo roçadas nas matas com o objetivo de adquirir as terras. Na região emprega-se, com frequência, o nome "estiva", o que significa venda de sal, querosene, uma espécie de secos e molhados. Os preços daqui sofrem a influência dos garimpos de cristais de "Chambiozinho" e "Chiqueirão" e, na maioria das vezes, os habitantes preferem vender as coisas aos garimpeiros, que sempre pagam melhor.

※ DIA 20 DE AGOSTO – SÁBADO
Reservo o dia de hoje para secar as plantas colecionadas nos dias anteriores. Hoje parte para Carolina o meu amigo Isaías Ferreira de Miranda, que aqui não conseguiu nada do que buscava, isto é, uma documentação de fazendas. A pensão onde me acho hospedado recebe sempre grande leva de pessoas, na maioria garimpeiros, que são gente de toda espécie, uns são delicados, outros grosseiros, sem higiene e atrevidos. Desde que aqui estou, pedi ao empregado para não aceitar outras pessoas em meu quarto e nesta parte fui atendido. Eu e Antônio Lino fomos convidados por Nilo para jantar em casa de seu pai, sr. Mundico. O prato especial do jantar era língua assada. Gostei do jantar, onde comi um filé assado, muito cru. Havia muita

Conceição do Araguaia. Outra vista do rio Araguaia.

carne frescal, pendurada num comprido cômodo ao lado. Depois do jantar, chupei caju amarelo, que achei muito grande. As notícias que aqui recebem de Belém são transmitidas por determinadas estações de rádio, que têm horário próprio para esses programas.

DIA 21 DE AGOSTO – DOMINGO

Hoje é domingo e o povo se apresenta bem vestido. Envio minha bagagem para a agência da Cruzeiro do Sul e o sr. Norato, todo cheio de cortesia, cobra-me até o último vintém. Este funcionário da Cruzeiro é apelidado pelas tripulações de "civilidade". Dado o número de garimpeiros que aqui embarcam, e por vezes atrevidos e embriagados, o pessoal da Cruzeiro tem um modo meio ríspido de tratar os passageiros, que pela escassez de transportes são obrigados a se submeterem a certas impertinências. Disseram-me que um dos comandantes tirou um garimpeiro do avião à força e de revólver em punho. Antes da hora do embarque, vou até a praia, onde ainda vejo plantas interessantes como uma "congonha" com folhas gordas e lustrosas. Colhi material de uma interessante árvore do gênero *Mouriria*; esta árvore é pequena e esgalhada, e suas flores têm um aroma que lembra "ruibarbo". Durante os dias em que aqui permaneci, tomei meus banhos no rio, o que constituiu coisa muito agradável. O modo de carregar água em Conceição do Araguaia é um pouco diferente de Natividade. Os rapazes levam no ombro uma vara forte, tendo em cada extremidade uma lata da vinte litros com alça. Após a refeição, sigo para o aeroporto, e tomo o avião que aqui chega às 11 horas. Com escala em Araguacema e Piaus, alcançamos Porto Nacional às 14,15 horas. A cidade recebe hoje o general Juarez Távora e sua comitiva, que, após um comício, seguem para Carolina. Aqui tenho a satisfação de receber cartas de minha esposa e de minha filha Regina, bem como um cartão de todas as filhas cumprimentando-me pela passagem do dia 14 de agosto, "Dia dos Pais". Recebi também o dinheiro que havia pedido do Sul. Encontro algumas pessoas amigas, entre elas Vigarino, Florêncio, Sebastião (agente da Cruzeiro). Encontro padre Lazinho, que me faz entrega de uma carta e dois telegramas de minha esposa. Encontro aqui três filmes Kodak, que o Dr. José Duarte Macedo me mandou de Belo Horizonte. Dando graças a Deus pelas boas notícias de casa, instalo-me em um quarto do "Hotel Portuense" do sr. Aquiles. O quarto consta de uma cela sem janela, a não ser uma meia lua bem ao alto da parede e uma janela que dá para o corredor. Conforto e higiene, que se anuncia em um cartaz de parede, é coisa que procurei debaixo da cama e nas instalações e não encontrei. Para agravar, a mulher do proprietário, sra. Etelvína, é uma verdadeira "anta batizada". Mulher grosseira, servil e intratável. O mesmo não posso dizer de seu marido e de seus filhos e empregados, bem diferentes no modo de tratar.

 DIA 22 DE AGOSTO

Vou à casa do sr. Acácio (Danton Acácio Brito) tomar uma injeção, sendo recebido com a mesma amabilidade de sempre. Vejo um homem picado por cascavel. Coitado! parece estar nas últimas! Foi medicado com aplicação de soro pelo sr. Danton, ao todo, quatro aplicações. Encontro aqui Antenor Cardoso, inspetor da companhia de seguros Equitativa. Visito Madre Santa Face, deixando com ela alguns exemplares de plantas. Das Irmãs só vejo Irmã Zoé. As religiosas já estão se transferindo para o novo prédio, ficando o velho para os seminaristas. Converso com o Revmo. Sr. Bispo D. Alano Maria de Noday e com os padres Antônio Luiz Maia e Ruy Rodrigues Maia. Vejo novamente meus bons amigos seminaristas José César Barros e Rui Cavalcante Barbosa. Recebo por intermédio do CAN uma prensa com papel absorvente, que dona Graziela Maciel Barroso teve a gentileza de me mandar do Jardim Botânico do Rio de Janeiro. Aqui costumam enfardar os cereais com embira trançada, tendo uns arcos de "cipó-pau". Tais fardos tomam uma forma circular meio achatada (disco voador). A lenha é rachada em pequenas achas, não havendo lenha de carvão, como no Triângulo Mineiro.

DIA 23 DE AGOSTO

Após uma noite maldormida, em quarto abafado, vou à casa do sr. Danton tomar outra injeção contra gripe, aproveitando a oportunidade para comprar uma caixa da sabão Phebo para presentear minha esposa. Emprego a maior parte do tempo para pôr em ordem volumoso material botânico. Deixo em Porto Nacional grande parte do material de herborização, pois tenciono aqui voltar em outra época. Também aqui há mangueiras arborizando as ruas, como em Conceição do Araguaia e Carolina.

DIA 24 DE AGOSTO

Felizmente hoje tomo o avião para regressar a Goiânia. Sou acometido de grande entusiasmo, do momento em que começo a sentir um friozinho, que denuncia o avanço dos paralelos. Depois de escalar em Uruaçu, modifica-se a fisionomia pelo grande número de casas, estradas e lavouras. Graças a Deus, chego a Goiânia às 15 horas. Tudo muito bem! Aqui, hospedo-me no Hotel Glória, tratando-me de tomar alimento na Churrascaria Vera Cruz. A cidade aguarda hoje a chegada do Dr. Juscelino Kubitschek e João Goulart, candidatos à presidência e vice-presidência da República. À noite, vou ao cinema para matar o tempo, tendo ao sair ouvido parte do discurso de Juscelino. Ao voltar ao hotel, encontro um ex-aluno, Vasco Ferreira Alcântara, viajante da indústria farmacêutica Farmitalia. Também deparo com um velho amigo da família, sr. Artur Chiarelli, nosso amigo, chofer de Ford 1915. A dona do hotel pede-me para deixar acomodar outro hóspede em meu quarto. O novo hóspede é filho de Tiago Vidal Fernandes, de Corumbá, meu conhecido. Durmo mal a noite e levanto-me às 5 e 20 para tomar o avião.

DIA 25 DE AGOSTO

Após desfrutar de belos panoramas proporcionados pela riqueza das terras de Buriti Alegre e Itumbiara, chego finalmente a Ituiutaba, depois de 37 dias de ausência.

CONCLUSÃO

Depois desta proveitosa excursão pelo Norte do Brasil, tratou-se de pôr em ordem o material coligido, sendo o mesmo distribuído para onze especialistas, conforme a relação abaixo:

ESPECIALISTA	NÚMERO DE ESPÉCIES
Dr. A. C. Brade – São Paulo	16
Dr. Diego Legrand – Montevideo	13
Dr. Arturo Burkart – San Isidro – Argentina	46
Dr. Sten Ahlner – Estocolmo – Suécia	69

Dr. Robert E. Woodson – Missouri Botanical Garden . . 74
Dr. J. M. Pires – Inst. Agronômico do Norte. 137
D. Graziela M. Barroso – Jardim Botânico –
   Rio de Janeiro. 120
Sr. Osvaldo Handro – Inst. de Botânica – São Paulo. . . . 63
Dr. Lorenzo R. Parodi – Buenos Aires. 17
Dr. Jason R. Swallen – Washington D.C. 168
Dr. N. Y. Sandwith – Kew Garden, Inglaterra. 39

Total de Espécies. 662

5 ❧ Excursão à Serra de São Vicente

No dia 16.10.1943, realizamos uma excursão pelos campos de São Vicente, atingindo a serra do mesmo nome, que dista légua e meia ao sul de Ituiutaba. Além do autor destas impressões, dela fizeram parte dois goianos e meus dedicados amigos, Aci Morais Assis e Semi Rodrigues de Morais, e ainda Laerte Muniz de Oliveira e Tancredo de Paula Almeida.

A serra de São Vicente não é propriamente uma serra e, sim, um "morrote" de pequena elevação. A finalidade desta excursão foi unicamente colher material botânico para estudos da flora local.

Nesta ocasião, atravessamos grandes áreas de campos e cerrados, recentemente queimados, apresentando as árvores e arbustos enegrecidos pelo incêndio devastador. Com as primeiras chuvas, aparecem com muita frequência, nas campinas queimadas e ainda recobertas pelas cinzas, duas espécies interessantes de Acanthaceae, a *Ruellia vindex* Mart. ex Ness e a *Ruellia geminiflora* HBK., sendo a primeira a mais comum. As flores destas plantas são roxas e despertam, grandemente, a minha atenção. Nesta época do ano, pode-se observar também em floração uma Bromeliaceae terrestre, de flores alaranjadas

Dyckia leptostachya Baker. Uma pequena planta, cuja flor tem cheiro de cravo, pudemos identificar como *Clitoria guianensis* Benth., outra com folhas pubescentes, *Rhodocalix rotundifolius* Muell. Arg., com flores cor de vinho, algumas Turneraceae do gênero *Pachira*, e uma infinidade de outras plantas, principalmente gramíneas.

Nos cerrados espessos, pudemos notar em floração: *Piptadenia peregrina* (L.) Benth. ("angico-do-cerrado"), *Diptychandra aurantiaca* Tul. ("bálsamo-do-cerrado" ou "balsamim" na denominação popular), *Vatairea macrocarpa* Ducke ("amargoso"), *Caryocar brasiliense* Cambess. ("pequi"), *Plathymenia reticulata* Benth. ("amarelinho"), *Hymenaea martiana* Hayne ("jatobá-do-cerrado"), *Jacaranda cuspidifolia* Mart. ("caroba"), *Aspidosperma gardneri* Mull. Arg. ("moela-de-ema" ou "guatambu-do-cerrado").

Atravessando os campos cobertos de vegetação arbustiva é comum encontrar algumas manchas formadas por árvores, aí verificando-se a presença de *Tapirira guianensis* Aubl. ("pau-pombo"), *Qualea grandiflora* Mart., ("pau-terra-da-folha-grande") e *Qualea* aff. *coeruleae* Aubl. ("pau-terra-da-folha-miúda"), *Erythroxylum deciduum* St. Hil. ("mercúrio"), *Byrsonima verbacifolia* (L.) Rich. ("murici"), *Vochysia thyrsoidea* Pohl. ("goma-arábica") e muitas outras. A respeito do "pau-pombo", cabe registrar aqui a bela impressão que esta árvore desperta aos olhos, quer pela elegância de sua copa, quer pela boa sombra que produz.

Antes de atingirmos o morro de São Vicente, atravessamos uma área de terras paupérrimas, cujo testemunho é a presença de *Salvertia convallariaeodora* (St. Hil.) ("moliana"), *Erythroxylum deciduum* St. Hil. ("mercúrio"), *Erythroxylum suberosum* St. Hil. e *E. tortuosum* Mart. ("cabelo-de-negro"). Além destes, ainda caracterizam as terras pobres a *Vochysia divergens* Pohl ("vinhático-branco ou congonha ou cambará") *Qualea coeruleae* Aubl. e *Qualea multiflora* Mart. ("pau-terra-do-campo").

A serra é desprovida de vegetação arbórea, a não ser exemplares diminutos de *Kielmeyera coriacea* Mart. ("gordinha") e *Bowdichia virgilioides* Kunth ("sucupira-preta"). Aí predominam as gramíneas e compostas, florescendo na ocasião, no meio do pedregulho.

Descendo a serra, em outro ponto, pudemos observar as encostas com pequenos *Bombax*, *Jacaranda cuspidifolia* Mart. e entramos finalmente na furna localizada num dos galhos da cabeceira que formam o córrego Pirapitinga. Nesta furna, vimos *Petrea subserrata* Cham. ("cipó-de-são-miguel"), *Myracrodruon urundeuva* Fr. All. ("aroeira"), *Aspidosperma australe* Mull. Arg. ("peroba-branca"), *Pouteria torta* (Mart.) Radlk. ("guapeva"), "angico" e "canelão".

6 ✌ Contribuição ao Conhecimento da Flora de Ituiutaba

Atendendo ao convite do Dr. Petrônio Rodrigues Chaves, que nos pediu um trabalho no gênero, damos publicidade a esta modesta contribuição, que nada mais é que um superficial inventário florístico da região do Triângulo Mineiro.

Embora este levantamento da nossa flora esteja em elaboração há vários anos, julgamo-lo incompleto e eivado de imperfeições, mas o leitor benevolente saberá nos redimir das muitas lacunas, resultado de nossa incapacidade em conhecer cientificamente a nomenclatura de nossas espécies. Por princípios de ética profissional e de acordo com as convenções criadas pelos Congressos de Botânica, não podemos, infelizmente, deixar de aplicar os nomes técnicos, isto é, a grafia moderna empregada em trabalhos científicos. Para não incorrermos em faltas gravíssimas e evitar os senões, deixamos de enumerar, cientificamente, espécies não sujeitas ao nosso exame ou de especialistas no assunto.

Segundo A. J. de Sampaio, nossa região constitui aquela a que se deu o nome de Zona dos Campos. Como em todas as formações vegetais verificam-se disjunções devidas a vários fatores climáticos, julgamos acertado adotar o critério das subdivisões. Para introdução, portanto, vamos subdividir a nossa flora em campos, cerrados e matas.

Campos

Denominamos campos as áreas desprovidas de vegetação arbórea – são os Campos Naturais. Aos campos cultivados com fins econômicos dá-se o nome de pastos ou invernadas.

Nossos campos naturais prestam-se, otimamente, para fins econômicos, isto é, criação de gado, numa proporção variável, segundo a proteção dispensada a estes campos, no que concerne aos incêndios e acúmulo de reses. Nos campos enfraquecidos, a média é de uma rês por alqueire.

Não cabe, no presente trabalho, enumerarmos a maioria das espécies campestres e, quando muito, citaremos as principais, começando pela família Gramineae, justamente pelo seu valor econômico.

As espécies forrageiras mais comuns em nossos campos são:
Paspalum ammodes Trin. – "capim-redondo"
Paspalum carinatum Fl. – "capim-pluma"
Paspalum erianthum Mess. – "capim-cabeludo"
Tristachya chrysothrix Nees – "capim-flechinha"
Tristachya leiostachya Nees – "capim-flecha"
Todos estes apreciados pelo gado depois das queimadas.

Outras gramíneas características de nossos campos limpos são:
Andropogon imberbis Hack.
Andropogon scabriflorus Rupr.
Andropogon selloanus Hackel

Aristida doelliana Henr.
Aristida implexa Trin.
Aristida megapotamica Spreng
Aristida riparia Trin.
Arthopogon villosus Ness.
Axonopus barbigerus (Kunth) Hitch.
Axonopus chrysoblepharix (Lag.) Chase
Axonopus longecillius (Hackl.) Parodi
Axonopus suffultus (Mik.) Parodi
Diectomis fastigiata (Sw.) Beauv.
Digitaria adusta Griseb.
Digitaria gardneri Henr.
Elyonurus adustus (Trin.) Ekman
Eragrostis articulata (Schrank) Ness.
Gymnopogon spicatus (Spreng) Kuntze
Leptocoryphium lanatum (HBK.) Ness.
Panicum olyroides HBK.
Panicum procurrens Ness.
Paspalum eucomum Nees
Paspalum gardnerianum Ness.
Paspalum sanguinolenthum Trin.
Paspalum splendens Hackel
Paspalum stellatum HBK.
Sorghastrum balansae (Hack.) Parodi
Sorghastrum minarum (Kunth) Hitchc.
Sorghastrum penniglume Trin.
Trachypogon canescens Ness.
Trachypogon plumosus (HBK.) Ness.
E muitos outros.

As espécies citadas acima são aquelas que mais se adaptam aos nossos campos desérticos, pois com seus órgãos protetores contra as queimadas enfrentam galhardamente o flagelo da seca e do fogo. Nos campos úmidos, várzeas e brejos campestres surgem outras espécies menos resistentes para suportar longo período de seca. Antes de enumerarmos estas espécies, abramos um parêntese com algumas considerações sobre o benefício e o malefício de que as ditas espécies são causadoras aos nossos rebanhos bovinos.

É sabido que nas vargens a vegetação retoma com mais rapidez suas formas aéreas, pondo logo à mostra seus órgãos foliares, motivo pelo qual a rês, com falta de ervas cujo teor aquoso lhe alivie, avança pelas ravinas adentro em busca de alimento. Aproveito o assunto para incluir apontamentos tomados há alguns anos em uma excursão botânica pelas cabeceiras e vargens.

Reses Atoladas

No tempo das secas é comum encontrarem-se reses atoladas ao longo das extensas cabeceiras. Verifica-se isso sempre depois das queimadas, quando a rês, inadvertidamente, procura pasto verde. Ao divisar adiante uma céspede com tufo de folhinhas verdes e viçosas, para lá avança, arrojadamente, com proveitoso repasto. Mas... a volta! Esta é que fica difícil, o que comprova a perda do animal. O interessante é notar que o animal é encontrado sempre atravessado, normal com seu trajeto de ida. Fazendeiros há que destacam os seus peões para as várias cabeceiras, onde costumam fazer um pequeno rancho, pois torna-se necessária uma contínua vigilância, principalmente quando a propriedade tem grande área. Tal providência é justificável porque a rês, uma vez dormindo nos atoleiros, dificilmente se põe de pé novamente com os seus próprios recursos. Urge então, fazer um jirau para levantar a rês, que uma vez com os cascos no solo poderá ou não recuperar-se do resfriamento, e consequentemente andar com suas próprias forças. Depende do estado de fraqueza da rês. O animal que permanece durante uma noite metido no atoleiro quase nunca escapa, debalde todas as tentativas dos vaqueiros. Vimos inúmeras vezes, na orla destas cabeceiras, reses deitadas tendo ao lado uma bacia de forragem e outra de água, mas quase sempre os resultados são infrutíferos.

Muitas vezes emprega-se a cachaça, mas seus efeitos não vão além de uma grande embriaguez e confirmação do insucesso. Disse-me um fazendeiro que, para tirar uma vaca do brejo, pôs fogo numas folhas secas de buriti e aqueceu o animal, chegando mesmo a chamuscar as pernas da vaca, que por sinal tomou alento e se levantou. Em Goiás, nas fazendas dos rios Aporé e Corrente mostraram-me uma planta como a causadora de muitas perdas no rebanho. A dita planta viceja nos barrancos dos rios e ribeirões em lugares de ruim acesso à criação. A rês faminta, num esforço maior, inclina-se para apanhar a erva e perde o equilíbrio caindo na água donde não pode mais sair, devido ao estado de fraqueza em que se encontra. Esta planta matadeira, como a chamam, foi por nós identificada como uma espécie de *Eryngium*, talvez *Eryngium ebracteatum* Lam.

Espécies mais Frequentemente Encontradas em Nossas Vargens

Passemos então a citar as espécies mais frequentemente encontradas em nossas vargens: *Ctenium brachystachym* (Ness.) Kunth e *Elionurus tripsacoides* H. et Bonpl. são as espécies que formam um verdadeiro manto verde nas vargens, seguindo outras menos frequentes, como:

Andropogon bicornis L.
Eriochrysis cayenensis Beauv.
Hyparrenia bracteata (HBK.) Stapf
Hyparrenia dissoluta (Ness.) C.E.Hubb.
Hypogynium virgatum (Desv.) Dandy

Mansuris aurita (Steud.) Kuntze
Paspalum cordatum Hack.
Trichipteris (*Cyathea*) *flammida* (Trin.) Benth.
sendo que nos lugares mais alagados é abundante o *Erianthus saccharoides* Mich. Uma interessante espécie das vargens é o capim-mumbeca, muito apropriado à confecção de enxergas e acolchoados. Para nós esta gramínea constitui ainda uma interrogação botânica, pois ainda não nos foi possível identificá-la.

Campos Limpos

Chamam-nos a atenção certas características do campo limpo, como as grandes áreas cobertas pelo "mata-barata" *Andira humilis* Mart., que é o vermelho como dizem, e o branco é *Simaba floribunda* St. Hil., sendo aquele bem mais frequente. Moitas de gabiroba (*Campomanesia obversa* (Miq.) Berg.), de cajuzinho-do-campo (*Anacardium pumilum* St. Hil.). Outra muito interessante é o capim-trançado com dispositivo de um pincel, que é a Ciperácea *Bulbostylis paradoxa* (Spr.) CBC.

LEGUMINOSAE:
Aeschynomene falcata (Poir) DC.
Aeschynomene paniculata Willd.
Cassia basifolia Vog.
Cassia flexuosa L.
Cassia guianensis Aubl.
Cassia otoptera Benth.
Cassia patellaria DC.
Cassia rotundifolia Pers.
Cassia rugosa G.Don
Cassia unifoliolata Benth.

Cassia viscosa Kunth
Centrosema angustifolium (HBK.) Benth.
Clitoria cajanifolia (Presl.) Benth.
Crotalaria anagyroides HBK.
Desmodium platycarpum Benth.
Eriosema benthamianum Mart. ex Benth.
Eriosema riedelii Benth.
Eriosema simplicifolium (HBK.) Walp.
Galactia eriosematoides Harms
Indigofera lespedezioides HBK.
Mimosa capillipes Benth.
Mimosa nervosa Bong.
Mimosa rixosa Mart.
Phaseolus clitorioides Mart., forma *oblongifolius* Hassl.
Poiretia latifolia Vog. var. *coriifolia* (Vog.) Benth.
Riedeliella graciliflora Harms
Stylosanthes bracteata Vog.
Stylosanthes capitata Vog.
Stylosanthes gracilis HBK.
Tephrosia adunca Benth.
Tephrosia leptostachya DC.

COMPOSITAE:
Baccharia camporum DC.
Bidens gardneri Bak.
Elephantopus angustifolius Sw.
Elephantopus erectus Gleason.
Eupatorium calamocephalum (Baker) Hieron.
Eupatorium gardnerianum Hieron.
Eupatorium squalidum DC. var. *subvelutinam* Bak.
Isostigma peucedanifolia Less.

Vernonia apiculata Mart.
Vernonia bardanoides Less.
Vernonia brevifolia Less.
Vernonia cognata Less.
Vernonia discolor Backer
Vernonia grandiflora Less.
Vernonia obovata Less.
Viguiera angustissima Blake

Seguem-se outras famílias menos representadas.

ACANTHACEAE:
Beloperone nodicaulis Ness.
Justicia lanstyakii Rizz.
Ruellia vindex Mart. ex Ness.

AMARANTHACEAE:
Froelichia interupta (L.) Moq.
Gomphrena graminea Moq.
Gomphrena macrocephala St. Hil. ("paratudo")
Gomphrena officinalis Mart. ("paratudo")
Gomphrena pohlii Moq. ("sabina")
Pfaffia gnaphalioides (Vahl) Mart.
Pfaffia tuberosa (Spreng.) Standl.

APOCYNACEAE:
*Macrosiphonia pet*raea (St. Hil.) K. Schum. var *pinifolia* (St. Hil.) Woodson.
Macrosiphonia virescens (St. Hil.) M. Arg.
Mandevilla illustris (Vell.) Woodson.
Rhodocalix rotundifolius M. Arg.

ARISTOLOCHIACEAE:
Aristolochia malmeana Hoehne
Aristolochia warmingii Mast.

ASCLEPIADACEAE:
Asclepias candida Vahl (esta é frequente nos campos de Goiás)
Barjonia erecta (Vell.) K.Schum.
Hemipogon acerosus Dcne.
Nautonia nummularia Dcne.
Oxypetalum capitatum Mart. & Zucc.

BIGNONIACEAE:
Anemopaegma mirandum (Cham.) DC. ("catuaba", muito usada como afrodisíaco)
Arrabidaea platyphilla (Cham) Bur. & Schum. var. *stricta* B. & Schum.
Jacaranda decurrens Cham. ("carobinha-do-campo")
Jacaranda rufa Manso ("carobinha-do-campo")

COMMELINACEAE:
Commelina erecta L.

CONVOLVULACEAE:
Evolvulus nummularius L.
Ipomoea gigantae (Manso) Choisy
Ipomoea tomentosa Pohl.
Ipomoea virgata Meissn.
Merremia cissoides (Vahl) Hall.

CURCUBITACEAE:
Cayaponia weddellii (Naud.) Cogn.

Melancium campestre Naud.
Perianthopodus espelina Manso ("tomba")

EUPHORBIACEAE:
Croton campestris St. Hil. ("velame-branco")
Croton chaetocalix M. Arg.
Dalechampia humilis M. Arg.
Julocroton lanciolatus M. Arg.
Sapium marginatum var. *spathulatum* M. Arg. ("leiteiro-do-campo")
Sebastiania corniculata M. Arg. ("urtiguinha")
Tragia lagoensis M. Arg.
Tragia uberabana M. Arg.

GENTIANACEAE:
Dejanira erubescens Cham. & Schl.

HIPOCRATEACEAE:
Salacia campestris Wallp. ("bacupari-do-campo").

LABIATAE:
Amasonia hirta Benth.
Eriope crassipes Benth.
Hyptis cuneata Pohl
Hyptis glauca St. Hil.
Hyptis lutescens Pohl
Hyptis nudicaulis Benth.
Hyptis ovalifolia Benth.
Hyptis virgata Benth.
Salvia rosmarinoides St. Hil.

MALPIGHIACEAE:
Galphimia brasiliensis (L.) Juss. ("quinina-do-campo")
Heteropteris campestris Juss.
Peixotoa reticulata Griseb.
Peixotoa tomentosa Adr. Juss.

MALVACEAE:
Pavonia speciosa HBK. var. *polymorfa* Gurke ("algodão-do-campo"?)

MYRTACEAE:
Campomanesia obversa (Miq.) Berg.
Eugenia uvalha Camb. ("uvaia")
Myrcia bella Camb. ("bostinha-de-pinto")
Myrcia intermedia (Berg.) Kiaersk.
Phyllocalyx regnellianus Berg.
Psidium cinereum Mart. ("araçá")
Psidium grandiflorum Mart. ("araçá")

OCHANACEAE:
Ouratea nana (St. Hil.) Engl.

RUBIACEAE:
Borreria valerianoides Cham. & Schlechtd.
Diodia arenosa DC.

STERCULIACEAE:
Byttneria scalpellata Pohl
Helicteres sacarolha St.Hil.

UMBELLIFERAE:
Eringium elegans Cham.

VERBENACEAE:
Lantana aristata (Schau) Briq.
Lippia sericea Cham.
Lippia stachyoides Cham.
Lippia vernonioides Cham.

RHAMNACEAE:
Crumenaria polygaloides Peiss.

Mais uma vez repetimos, que as gramíneas mais frequentes das várzeas são de porte alto.

De maior porte:
Andropogon bicornis L.
Hypogynium virgatum (Desv.) Dandy
Manisuris aurita (Steud.) Hitchc. & Chase
Trichopterix flammida (Trin.) Benth.

As de menor porte encontradas foram:
Ctenium brachystachyum (Ness.) Kunth.
Elionurus tripsacoides Humb. & Bonpl.

Verificam-se nos campos limpos formações interessantes a que podemos denominar brejos cobertos, porque estes são revestidos, muitas vezes, de vegetação arbórea pouco variável quanto ao número de espécies, mas muito variável quanto ao diâmetro das essências. Segundo nossas observações, nos solos mais fortes a vegetação é menos densa e mais avultada no que diz ao diâmetro das árvores, e nos campos fracos as árvores encontram-se bem mais agrupadas e são finas quanto ao diâmetro.

Passemos agora a escrever sobre nossos campos artificiais ou simplesmente pastos ou invernadas. As principais forragens cultivadas em Ituiutaba são:
Hyparrenia rufa (Ness.) Stapf. ("capim-jaraguá")
Panicum maximum Jacq. ("capim-colonião")
Melinis minutiflora Beauv. ("capim-gordura")
Paspalum notatum Flugge ("grama-rio-grandense").

Há outras mais ou menos espontâneas, como *Cynodon dactylon* (L.) Pers. ("grama-seda"), *Digitaria fuscencens* (Presl.) Henr. ("grama-boiadeira ou mata-égua").

Nos solos menos férteis cultiva-se com bons resultados o colonião, que é mais resistente que o capim-jaraguá, porém o leite e queijo das vacas empastadas no colonião é inferior ao daquelas alimentadas com o jaraguá.

Cerrado

Compreende a vasta área revestida de árvores, mais ou menos tortuosas, num legítimo protesto contra o seu legado na natureza, isto é, solo seco, atmosfera seca. Na área dos cerrados podemos agrupar: Área dos Brejos Cobertos, Cerradão e Cerrado propriamente dito.

Brejos Cobertos:
Constituídos de solo muito ácido, com excesso de umidade. Caracterizam-se principalmente pelas espécies:
Calophyllum brasiliense Camb. ("mangue")
Cedrella paraguariensis Mart. ("ipê-do-brejo")
Mauritia vinifera Mart. ("buriti")

Protium almecega March. ("almécega")
Tabebuia insignis (Miq.) Sandth.
Talauma ovata A. St. Hil. ("pinha-do-brejo")
Villaresis congonha (Mart.) Miers.
Xilopia emarginata Mart. ("pindaíba")

E mais a vegetação arbustiva constituída de:
Piper angustifolium Roxb. ("jaborandi")
Piper regnellii DC. ("capeva")
Psychotria poeppigiana Muell. Arg.
Psychotria tabacifolia Muell. Arg. ("capim-navalha")

Nesses locais vegetam inúmeras epífitas como:
Anthurium variabile Kunth
Anthurium pentaphyllum G. Don
Brassavola flagellaris Barb.Rodr.
Blechnum brasiliense Desv.
Epidendrum floribundum HBK.
Peperomia sp.
Uma pteridófita interessante dos brejos é a *Polybotria caudata* Kuntze. var. *pubens* (Mart) Hook.

Cerradão

Constituído de árvores mais elevadas no porte e sua vegetação é mais densa. Recebem também o nome de croas ou capões secos e, sendo um solo de meia cultura, presta-se ao cultivo de cereais, podendo também formar de capim-colonião.

As principais árvores encontradas no Cerradão são:
Callisthene fasciculata Mart. ("pau-terra, jacaré")
Coccoloba mollis Casar. ("biscoiteira")
Dipterix alata Vog. ("baru")

Diptychandra aurantiaca (Mart.)Tul. ("balsaminho")
Enterolobium gummiferum J. F. Macbr. ("tamboril-do-cerrado")
Guettarda viburnoides Cham. & Schltdl. ("veludo-branco")
Hexachlamys edulis (O.Berg) Kraus.& Legrand ("cagaiteira")
Hymenaea martiana Hayne ("jatobá-de-meia-cultura")
Linociera glomerata Pohl. ("osso-de-burro")
Mimosa obovata Benth. ("quebra-foice, pau-de-espinho")
Myrcia longipes Kiaersk. ("pelada)"
Peltogyne confertiflora Benth. ("pau-roxo")
Piptadenia peregrina (L.) Benth. ("angico-do-cerrado")
Plathymenia reticulata Benth. ("amarelinho")
Pterodon pubescens Benth. ("sucupira-branca")
Roupala tomentosa Pohl ("carne-de-vaca")
Tapirira guianensis Aublet ("pau-pombo")
Tecoma impetiginosa Mart. ("ipê-roxo")
Tecoma odontodiscus Bureau & K. Schum. ("taipoca")
Terminalia brasiliensis Raddi ("maria-preta")
Vatairea macrocarpa Ducke.

Encontra-se com frequência no Cerradão a "cambaúva", *Actinocladium verticillatum* (Ness.) Mc. Clure, que se adensa de tal modo que chega a impedir a passagem de animais maiores. A "cambaúva" constitui um ótimo pasto no tempo das secas, logo após a queima dos campos. Não conseguimos até hoje material com ramos prolíficos. Pessoas que conhecem afirmam que a "cambaúva" floresce de sete em sete anos.

Podemos citar ainda:
Chuquiragua sprengeliana Baker ("espinho-de-agulha")
Hyptis cana Pohl ("cipó-prata")
Hyptis scabra Benth.

Da vegetação miúda poderíamos enumerar aqui várias espécies, como um interessante arbusto por nome de "carobinha" (*Jacaranda* sp.) e outra pequena planta associada à "cambaúva", que é a *Alstroemeria stenopetala* Phil., *Moquinia* sp., *Bidens segetum* Mart. ex Colla, cactáceas e bromeliáceas epífitas, assim como paineiras como *Bombax longiflorum* K. Schum.

Formação interessante apresentam os cerrados e campos secos nas cabeceiras dos córregos: são as grotas. São escavações seculares identificadas pelo manto arbóreo. Este manto aí se fixou graças à umidade do ambiente e devido ao qual deu-se seu maior desenvolvimento. Uma espécie que bem caracteriza as grotas secas dos campos é a *Hirtella americana* Aubl., denominada vulgarmente de "rapadura" ou "pitanga-vermelha". Esta pequena árvore nunca é de porte totalmente ereto, e, sim, tortuosa com galhos entrelaçados, formando um verdadeiro emaranhado, o que confirma que nestas grotas ou anda-se no leito do riacho ou na zona circunscrita ao matagal, tal é a dificuldade de caminhar bem na margem.

Nestas formações campestres ainda pode-se notar a presença da "pindaíba", algum "mangue" e "embaúba". Aspecto mais deslumbrante é o que desfruta o observador de dentro de uma destas grotas nos barrancos musgosos o *Anthurium*, a "salsa-do-paredão", samambaias, orquídeas diversas e outras espécies interessantes que enfeitam com sua graça.

7 ❧ O Dia da Árvore – Uma Palestra

Senhores

O Rotary Clube de Ituiutaba, primando por grandes realizações, e na preocupação de proporcionar, sempre que possível, bem-estar ao povo e de dar bons exemplos de civismo, quis mais uma vez prestar homenagem às Ciências Naturais, convidando-me para ler algo sobre o "Dia da Árvore". Por especial deferência de seus associados, coube-me a honra de me apresentar ante os presentes e, como naturalista que sou, agradeço ao Rotary Clube pessoalmente, em nome do Instituto de Pesquisas Agronômicas e em nome da Biologia.

Que se tenha instituído o "Dia da América", o "Dia do Soldado", o "Dia do Operário" e tantos outros para proporcionar incentivo ao desenvolvimento do civismo; que se tenha também instituído dias para todos os santos, sem duvida poderá parecer muito justo e natural a qualquer dos nossos semelhantes. Mas um "Dia da Árvore" poderá ser para muitos motivo de mofa e zombaria. Dirão eles: "Mas afinal o que merece a árvore, por que precisa ela ser festejada?" Provavelmente uma grande parte dos nossos semelhantes não descobrirá razões bastantes para ser a árvore objeto da nossa admiração e estima. A árvore é sempre um quinhão do povo que habita o país em que ela se desenvolve e constitui-se, assim, patrimônio que deve e precisa ser defendido pelos habitantes, pois que os benefícios que outorga, como produtora de madeira e de lenha e de outros materiais, representam apenas o seu valor intrínseco; mas alem dele existe o seu valor extrínseco, que precisará ser avaliado não só pelo dono da terra em que ela cresce, mas por todos habitantes da zona.

Ela contribui para o embelezamento da paisagem, beneficia o solo acumulando matéria orgânica, fixando-o contra a violência da erosão, melhorando as águas potáveis, protegendo a fauna. Nunca olvidemos que as florestas nativas, embora heterogêneas em sua composição florística, embora antieconômicas no que concerne à exploração das árvores para obtenção de madeira e lenha, são o repositório biológico do país em que existem os documentos da flora e da fauna. Se destruídos forem esses documentos de valor histórico e ecológico, deixarão de existir e impossibilitado será o seu aproveitamento ulterior na indústria, na arte, na medicina e na alimentação.

A ciência ainda não fez ponto final. Ela continua pesquisando incessantemente em todos os campos. Diariamente, descobre propriedades, princípios ativos nos vegetais e nos animais. Descobre novas aplicações para determinadas espécies lenhosas e herbáceas que medram nas selvas e nos campos-nativos. Hoje é um cipó que contém rotenona, amanhã é outro do qual se fabrica a cortisona, depois é uma erva da qual se extrai sacarina. Gomas elásticas, fortificantes, anestesiantes, tóxicos, estimulantes, entorpecentes, cardiotônicos, dezenas e dezenas de plantas úteis têm sido descobertas nessas matas de flora heterogênea, nessa miscelânea de árvores, arbustos, cipós, ervas terrestres e dendrícolas. As mais bonitas flores, as mais belas folhagens, insetos lindos, aves rutilantes e ligeiras, mamíferos inúmeros, povoam as nossas matas e ainda continuam desconhecidos.

O machado, a foice e o fogo de tudo dão cabo, sob o pretexto de que há falta de madeira, falta de lenha e de espaço para a prática da agricultura. Grandes superfícies permanecem depois da destruição da mata, inaproveitadas, pois a verdadeira agricultura racional e a povoação do solo chegam depois.

O "Dia da Árvore" foi criado num país em que os homens são práticos na vida. Foi na América do Norte que ele veio a ser observado e o Departamento de Agricultura de Washington declara a respeito dele o seguinte:

ARBOR DAY HAS BECOME ASSOCIATED ALL OVER THE UNITED STATES WITH PATRIOTIC AND AESTHETIC AS WELL AS ECONOMIC IDEAS. IT IS AT ONCE A MEANS OF DOING PRATICAL GOOD TO COMMUNITY AND AN INCENTIVE TO CIVIC BETTERMENT.

O "Dia da Árvore" tem sido comemorado em todos os Estados Unidos com a finalidade patriótica, estética, bem como econômica. É, principalmente, um meio de praticar o bem à comunidade e um incentivo à instrução cívica. Ora, se nos Estados Unidos o "Dia da Árvore" se equiparou e associou com as efemérides históricas cujo objetivo é despertar o senso de patriotismo e estética, e se por sua celebração aquele país conseguiu aumentar o interesse pela Silvicultura e pela defesa das florestas naturais, aumentando sua riqueza e economia, torna-se claro que a comemoração do mesmo dia em nossas escolas deve ser recomendada pelas autoridades. O "Dia da Árvore" não constitui inovação recente e a admiração pelas árvores e a sua plantação são cousas tão velhas quanto a civilização. Efetivamente, os homens que vivem em contato com a natureza sempre souberam dar maior apreço às árvores do que aqueles que vivem nas grandes cidades servindo-se dos produtos florestais sem conhecerem a sua procedência.

Em 1872, o Sr. J. Sterling Morton criou o "Arbor Day" no estado de Nebraska, dos Estados Unidos, porque verificara que naquela região faltavam: madeira, lenha e os encantos proporcionados pelas florestas. O povo imediatamente compreendeu que tudo isso poderia ser conseguido dentro de alguns lustros se todos cooperassem em tornar vitoriosa a ideia lançada pelo cientista. A plantação de árvores no dia a elas consagrado deu origem à prática da Silvicultura industrializada e desse modo Nebraska, antes deserto, hostil ao homem, converteu-se no estado de grande produção de madeira e lenha.

Em nossa pátria, o "Dia da Árvore" é comemorado no dia 21 de setembro, dia da entrada da primavera, porque passado o inverno o novo estímulo é transmitido ao reino vegetal que se reflete também no reino animal. A data é a melhor que se poderia ter escolhido, porque o próprio homem sente-se rejuvenescer nos seus planos e ideais e pode abrir um cantinho no seu coração para dar lugar ao interesse pela árvore e pela pátria. Toda a natureza sorri alegremente e transmite o seu sentimento e alegria ao coração daquele que pelo Criador foi incumbido de usufruir, mas também zelar pelo que aqui existe. Mas, para bem usufruir, torna-se indispensável que o homem aprenda algo concernente à natureza e compreenda que a árvore ocupa um lugar de destaque na mesma, especialmente nos domínios da Biologia.

O homem, quer seja culto ou analfabeto, tendo educação sentirá sempre para o belo alguma inclinação. Mesmo sem o perceber, o ser humano sente o prazer pela harmonia das paisagens. Quem dentre nós nunca sentiu os efeitos salutares do contato com a natureza? As copadas floridas da paineira, do ipê, da taipoca e da sucupira-preta; o suave aroma da sucupira-branca, da chapadinha e da erva-de-lagarto. Qual o caçador que não transpôs os macegais de capim-flecha e não penetrou no ambiente saturado dos brejos cobertos, medindo com os olhos os mangues e as pindaíbas? Quem nunca sentiu a grandiosidade da flora higrófila e umbrófila representada pelos filodendros, antúrios, epidendros e polipódios? Lembremos que o problema florestal é um problema social. As florestas naturais não representam uma riqueza apenas econômica, representam um patrimônio público de valor extrínseco maior que seu valor intrínseco. Da sua manutenção, pelo menos em parte, depende a natural conservação do país, seu aspecto, sua beleza e riqueza florestal e faunística. Tiremos do quinhão que a natureza aqui deixou como mais apropriado ao clima, topografia e ambiente aquilo que mais interessante for para as indústrias, o comércio e outras atividades e formaremos com esse quinhão as florestas artificiais, os bosques, a arborização para que o Brasil continue com a sua maravilhosa flora. Quando tivermos de introduzir o exótico nunca deveremos esquecer as essências nacionais.

Assim agindo, e assim ensinando, nos tornaremos amigos do Brasil, chegaremos a ser bons brasileiros e o objetivo do "Dia da Árvore" em nosso país será atingido.

Sobre os Autores

GIL MARTINS FELIPPE

Gil Felippe, nascido em São Carlos (SP), é Ph.D. em Botânica (Fisiologia Vegetal) pela University of Edinburgh, Escócia, Reino Unido. Após o Ph.D., trabalhou por vários anos no Departamento de Botânica daquela Universidade antes de ser contratado pela Universidade Estadual de Campinas, Campinas, Brasil. Na Universidade de Campinas, como Professor Titular, além de ministrar os cursos de graduação e pós-graduação na área de Fisiologia do Desenvolvimento, formou muitos mestres e doutores, que estão hoje espalhados pelo Brasil. Foi fundador e primeiro presidente da Sociedade Botânica de São Paulo. É sócio benemérito da Sociedade Botânica do Brasil desde 1990. Além de ser um de seus criadores, foi editor durante muitos anos da *Revista Brasileira de Botânica*. É membro titular da Academia de Ciências do Estado de São Paulo. É autor de sete livros: *O Saber do Sabor: As Plantas Nossas de Cada Dia*, *Entre o Jardim e a Horta: As Flores que Vão para a Mesa*, *No Rastro de Afrodite: Plantas Afrodisíacas e Culinária*, *Frutas: Sabor à Primeira Dentada*, *Grãos e Sementes: A Vida Encapsulada*, *Do Éden ao Éden: Jardins Botânicos e a Aventura das Plantas* e *Árvores Frutíferas Exóticas*.

MARIA DO CARMO DUARTE MACEDO

Maria do Carmo, nascida em Ituiutaba (MG), fez os cursos primário e ginasial no Instituto Marden, em Ituiutaba. Posteriormente, formou-se Técnico em Contabilidade na Escola Estadual Rotary em Ituiutaba. Fez o curso superior de Farmácia em Ouro Preto. Voltando para Ituiutaba como farmacêutica, montou uma loja de produtos naturais, onde trabalhou durante um certo tempo com plantas medicinais. Atualmente gerencia a fazenda do pai, Amaro Macedo.

Acervo da Família

Octávio Macedo e Maria da Glória Chaves Macedo (pais de Amaro Macedo).

Maria da Glória, Octávio e os filhos. Da esquerda para a direita, Cássio, Amaro e Alaíde.

Zina Duarte Macedo e Nicodemus Macedo (sogros de Amaro).

Moradia provisória da família na medição de terras.

Colégio das falsas freiras em Ituiutaba.

Casamento de Célia e Amaro.

Colégio "Instituto Marden". Acima da esquerda para a direita, Álvaro Brandão de Andrade, Petrônio Rodrigues Chaves e Amaro Macedo.

Amaro recebendo a Medalha no Rio de Janeiro.

Amaro Macedo. Ituiutaba, julho de 2007. Foto: Dr. Luciano Mauricio Esteves (Instituto de Botânica de São Paulo).

Amaro Macedo. Ituiutaba, julho de 2007. Foto: L. M. E.

Amaro Macedo e Gil Felippe olhando um texto de Amaro. Ituiutaba, julho de 2007.
Foto: L. M. E.

Amaro Macedo ladeado pelos autores Maria do Carmo e Gil Felippe. Ituiutaba, julho de 2007. Foto: L. M. E.

Amaro Macedo e sua filha Maria do Carmo. Ituiutaba, julho de 2007. Foto: L. M. E.

Maria do Carmo, Amaro, Célia, Beatriz, Regina e Marília.

Bromelia macedoi L. B. Smith coletada originalmente por Amaro Macedo e Lyman Smith na Serra dos Pirineus. A foto mostra uma muda que Amaro ganhou como presente de seu 90º aniversário, que floresceu pela primeira vez quatro anos e oito meses depois.

Título	*Amaro Macedo – O Solitário do Cerrado*
Autores	Gil Felippe e
	Maria do Carmo Duarte Macedo
Editor	Plinio Martins Filho
Produção editorial	Aline Sato
Capa	Tomás Martins
Projeto gráfico e editoração eletrônica	Aline Sato
Revisão	Geraldo Gerson de Souza
Formato	14 × 21 cm
Tipologia	Minion
Papel	Polén Soft 80 g/m² (miolo)
	Cartão Supremo 250 g/m² (capa)
Número de páginas	224
Impressão e acabamento	Gráfica Vida e Consciência